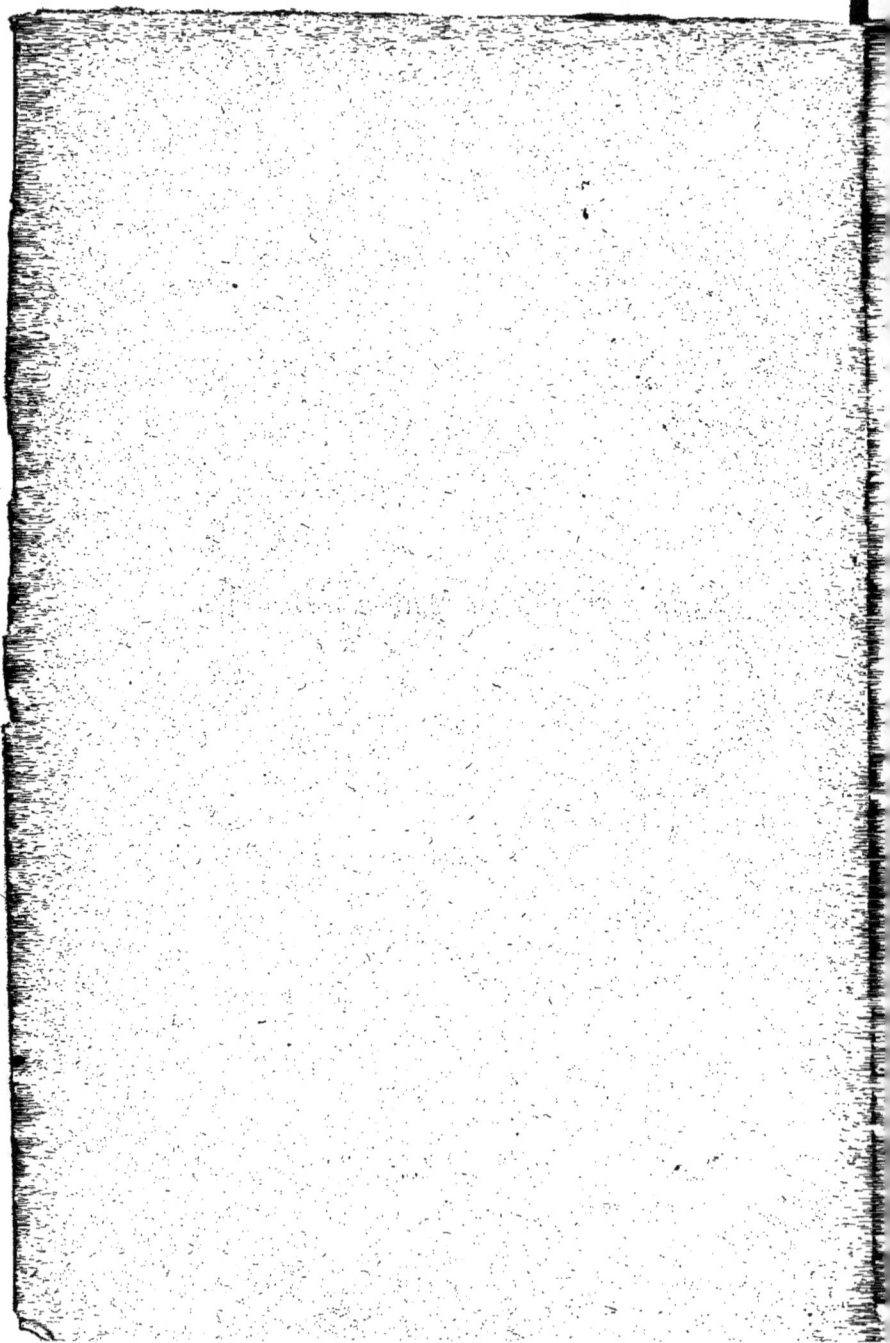

PETITE
BIBLIOTHÈQUE AGRICOLE PRATIQUE

publiée sous la direction de

J. RAYNAUD

Directeur de l'École pratique d'Agriculture de Fontaines
(Saône-et-Loire).

—————

TOME IV

VITICULTURE PRATIQUE

PAR

A. E. HILSONT

*Secrétaire général de la Société vigneronne de
l'arrondissement de Beaune
Professeur de Viticulture et d'Œnologie
à l'École de Viticulture de Beaune*

(70 FIGURES DANS LE TEXTE)

—————

PARIS
A.-L. GUYOT, ÉDITEUR
12, rue Paul-Lelong
—

INTRODUCTION

La viticulture occupe en France une place considérable, et les revenus que donnent ses produits sont très importants. Après les dégâts causés par le phylloxéra dans la majeure partie du vignoble français, le vigneron a repris courage; il a lutté au moyen des insecticides pour bientôt les abandonner et reconstituer avec les cépages américains.

Aujourd'hui, la reconstitution est en excellente voie, et bientôt la vigne occupera une plus grande surface qu'avant l'invasion du phylloxéra.

Cela ne s'est pas fait d'un seul coup, assurément; il y a eu des échecs, et il y en aura encore, il faut bien le reconnaître. Certaines plantations, faites au début, avec des porte-greffes peu résistants, devront être recommencées; aussi le vigneron doit-il apprendre à connaître son terrain et ses exigences, pour utiliser le porte-greffe approprié.

Dans la région septentrionale, le phylloxéra commence seulement ses attaques; mais il n'y a pas d'illusion à se faire, il faudra succomber. La reconstitution y sera rendue plus facile par l'exemple tiré des pays envahis les premiers, par la sélection faite parmi les porte-greffes, et par les essais nombreux des producteurs directs.

Nous n'avons pas voulu faire ici une œuvre originale, notre but étant surtout de mettre entre les mains du vigneron un petit ouvrage renfermant les renseignements indispensables, en les dégageant le plus possible des données scientifiques. Nous n'avons qu'effleuré la question ampélographique, très intéressante cependant, mais que notre cadre restreint ne nous permettait pas de traiter avec l'ampleur qu'elle nécessite.

Le travail est divisé en trois parties :

Dans la *première*, nous nous sommes surtout attaché à donner les règles générales pour la culture et la conduite de la vigne; la question de fumure a été développée, car nous lui attribuons une grande importance pour l'avenir des plantations.

Dans la *seconde partie*, les différents accidents et les nombreuses maladies qui atteignent la vigne sont examinés au point de vue de leurs caractères extérieurs et des remèdes à appliquer.

Enfin, la *troisième partie* est consacrée à la *viticulture comparée*, c'est-à-dire que nous passons rapidement en revue les différentes méthodes de culture et les procédés de taille employés dans le vignoble français.

Les questions relatives aux vins et à leurs maladies seront traitées dans un tome postérieur. — La culture des Raisins de table sera étudiée dans le tome V, « Le Jardin de la ferme ».

Nous avons fait, pour ce modeste travail, de nombreux emprunts à nos maîtres en la matière, et nos lecteurs, désireux de renseignements plus complets, plus détaillés et plus scientifiques, trouveront à la fin de ce petit volume, à la *bibliographie*, la liste des principaux ouvrages consultés.

Nous serons heureux, et nous estimerons avoir rempli notre but si, malgré les imperfections de ce travail, nous avons réussi à faciliter quelque peu les efforts des vignerons professionnels ou amateurs.

A.-E. HILSONT.

VITICULTURE PRATIQUE

PREMIÈRE PARTIE

CHAPITRE PREMIER

Historique et considérations économiques

La viticulture, c'est la culture de la vigne dans le but d'en retirer, le plus économiquement possible, la plus grande valeur de produits.

Cette culture est d'origine très ancienne, et de Candolle prétend qu'elle a eu pour berceau l'Arménie.

La Bible nous rapporte qu'au lendemain du déluge Noé cultivait la vigne et abusa de son produit.

La Grèce fut longtemps la pourvoyeuse de l'Italie, et la culture de la vigne était très en honneur en Béotie 1519 ans avant notre ère.

Les vins produits, transportés à peu de frais dans le bassin de la Méditerranée, étaient l'objet de transactions importantes avec les côtes d'Afrique, l'Egypte, la Sicile et l'Italie.

La Gaule semble avoir appris la culture de la vigne 600 ans avant Jésus-Christ, lors de la fondation de Marseille par les Phocéens. Cette culture se propa-

gea rapidement, gagna d'abord le sud, puis la
Guyenne, la Bourgogne et pénétra jusqu'en Normandie. La Grande-Bretagne elle-même posséda, au
XII siècle, un vignoble assez important dont les
vins les plus réputés étaient récoltés dans la vallée
du Glocestershire (1)

Les vins de la Gaule furent très vite appréciés des
Romains, et les transactions dans la vallée du Rhône
furent facilitées par l'invention des tonneaux par les
Gaulois.

Après des périodes alternatives de prospérité et de
défaillance, par suite des encouragements ou des
prohibitions, et aussi des guerres continuelles qui
ensanglantèrent le pays, la vigne ne prit définitivement son essor qu'après la *Révolution*, qui morcela
les propriétés et augmenta les voies de communication. C'est ainsi qu'en 1775 on ne comptait que
800.000 hectares de vignes; en 1850, 2 millions
d'hectares, et en 1875, 2 millions 500.000 hectares.
Depuis, cette superficie avait diminué par suite des
ravages du phylloxera, mais la reconstitution a
marché rapidement, et d'ici quelques années, nous
aurons repris, et probablement dépassé, le chiffre
de 1875. En 1898, l'étendue totale du vignoble français est de 1.706.513 hectares.

Quant à la vigne elle-même, on peut la considérer
comme indigène en France, où elle est plus ancienne
que sa culture.

Les vins produits sont de nature très différente,

_____

(1) DEGRRION. — *La vigne en France et plus particulièrement dans le sud-ouest.*

et la réputation de certains vignobles est très ancienne. C'est ainsi que dès le iv° siècle les vins du
Bordelais étaient réputés excellents, puis vinrent
ceux de l'Auxerrois et les vins de Bourgogne au
vi° siècle.

Ce rapide aperçu historique suffit pour montrer
quelle a été l'évolution de la question viticole en
France.

La culture de la vigne est une des industries les
plus importantes pour la France; c'est ainsi qu'en
1875 on a obtenu 83 millions d'hectolitres pour une
valeur de 2 milliards sur une surface de 2.500.000
hectares, soit sur le 1/16 de la surface cultivable, et
environ le 1/4 de la production agricole totale.

La vigne est, en effet, l'une des plantes qui donnent le plus de bénéfice net, et il résulte de plusieurs
statistiques que le bénéfice net par hectare de vigne
est en moyenne de :

   800 à 1.500 fr. dans le Midi;
 1.000 à 1.500 fr. en Bourgogne et dans le Bordelais;
 1.200 à 1.500 fr. en Champagne;
et   600 à 700 fr. dans le Centre.

On peut estimer qu'une récolte de céréales, par
exemple, est bonne lorsqu'elle donne un bénéfice
net de 100 fr. à 150 fr. par hectare.

Il résulte de ces grands bénéfices que l'on a intérêt
à étendre la culture de la vigne, et que les terrains
convenant à cette culture acquièrent un prix très
élevé. Nous donnons un aperçu de quelques prix
en plaçant en regard le prix du terrain pendant la
crise phylloxérique :

PRIX DE L'HECTARE

	Avant la crise.	Pendant.	Après.
Champagne	40 à 60.000 f.	»	»
Bourgogne (grands crus),	20 à 30.000 f.	2.000 à 3.000 f.	25 à 35.000 f.
Charentes..	8 à 16.000 f.	200 à 300 f.	8 à 15.000 f.
Midi	6 à 18.000 f.	500 à 1.200 f.	6 à 18.000 f.

Ces chiffres, bien qu'incomplets, démontrent que c'est la vigne qui donne cette grande valeur aux terrains. Les terres très calcaires de la Charente, peu profondes, ne donnent, en dehors de la vigne, que des récoltes insignifiantes ; aussi le phylloxera fut-il pour cette région une cause de ruine absolue.

Dans le Médoc, en Bourgogne et en Champagne, les choses se passent de même, et ce sont les terrains produisant les meilleurs vins qui donnent les plus médiocres récoltes d'autres plantes.

D'un autre côté, la vigne exige des soins constants ; elle procure aux populations rurales très denses un travail continuel et bien rétribué, qui donne l'aisance dans toutes les contrées viticoles.

Enfin, il faut remarquer que le climat de la France convient par excellence pour la vigne ; c'est la France qui produit les vins les plus fins du monde entier ; toutes les imitations grossières qu'on a pu en faire ne sont pas pour nous effrayer, et la source de bénéfices réels que nous trouvons dans l'exportation de nos vins fins est loin d'être tarie.

Nos vins communs ont un débouché tout trouvé en France, qui est le pays où l'on consomme le plus de vin ; c'est un signe d'aisance et j'ajouterai de tempérance, car il est à remarquer que c'est dans les régions viticoles qu'il existe le moins d'alcooliques.

On a pu longtemps cultiver d'une façon routinière et retirer quand même des bénéfices ; mais les circonstances économiques ont changé : de nombreuses voies de communication se sont ouvertes, les moyens de transport se sont améliorés ; de plus, l'étranger nous inonde de produits, la concurrence est acharnée, et il faut maintenant *faire une culture méthodique pour qu'elle soit rémunératrice.*

Autrefois, la vigne ne recevait que des façons sommaires et rarement une fumure, les maladies étaient rares, aussi pouvait-on se contenter d'un faible rendement, le prix de revient étant peu élevé et les débouchés peu nombreux.

Mais aujourd'hui la vigne a de nombreux ennemis (insectes ou maladies) contre lesquels il faut se défendre ; les vignes greffées sont plus exigeantes que nos anciennes vignes françaises, les salaires s'élèvent, et pour cultiver *économiquement* il est nécessaire d'augmenter la production, tout en conservant une excellente qualité.

Cela ne peut s'obtenir que par une culture raisonnée, la connaissance parfaite du terrain, un choix judicieux des cépages et des porte-greffes, une taille appropriée et une fumure convenable. Il faut, en outre, connaître les ennemis de la vigne, ainsi que les moyens de les combattre.

Nous allons examiner, dans les prochains chapitres, les moyens de réaliser toutes ces conditions.

CULTURE DE LA VIGNE

CHAPITRE II

Ampélographie

Nos anciens cépages français appartenaient tous à l'espèce désignée par les botanistes sous le nom de *Vitis vinifera*. Il en existe un très grand nombre de variétés, mais depuis les ravages exercés par le phylloxera, il a fallu songer à employer des espèces plus résistantes, la plupart originaires d'Amérique, et sur lesquelles on a greffé nos anciens cépages français.

Les *américains purs* ont rendu des services, et à l'heure actuelle, le *Riparia* dans les sols qui lui conviennent, dans les plaines fertiles de l'Hérault par exemple, est le roi des porte-greffes; il fructifie de bonne heure et beaucoup, sa résistance au phylloxera est très grande.

Le *Rupestris* et le *Berlandieri*, peuvent aussi être utilisés.

Mais c'est insuffisant pour les variations de ter-

rains; il a fallu sélectionner, et aussi chercher à
obtenir des plants ayant les qualités demandées.
C'est ce qui a conduit aux *hybrides*, dont le nombre
est considérable aujourd'hui : il y a des hybrides
spontanés, croisement de différentes vignes américaines, telles que les *Solonis*, les *Vialla*, les *Jacquez*,
importés d'Amérique et les *hybrides* obtenus en
France, soit du croisement de deux espèces américaines, ce sont les *américo-américains*, soit enfin
d'une espèce américaine et d'une variété française,
ce sont les *franco-américains*.

À côté des porte-greffes, on a cherché et l'on cher-
che encore à obtenir par l'hybridation, des cépages
productifs résistant aux maladies et donnant un vin
normal sans avoir recours au greffage, ce sont les
producteurs directs, dont aucun jusqu'ici ne réalise
entièrement les conditions désirables au point de
vue de la qualité du produit.

Enfin, nous avons à examiner nos *anciens cépages français*, qui disparaissent de plus en plus
comme plants directs ; mais greffés sur des porte-
greffes appropriés, ils donnent les vins dont les variétés font la richesse et l'honneur de notre France.

Nous ne nous attarderons pas à donner la description scientifique des diverses espèces ou variétés
de vignes, nous résumerons, autant que possible en
tableaux, les variétés les plus recommandables :

1° Des *porte-greffes*.

2° Des *producteurs directs*.

3° Des anciens *plants français*.

Pour une étude plus approfondie de la partie ampélographique, nos lecteurs voudront bien se repor-

ter aux ouvrages spéciaux que nous indiquons dans la *Bibliographie* à la fin de cet ouvrage.

Porte-greffes

La question des porte-greffes a une importance considérable ; elle a été la préoccupation constante du public viticole depuis que l'on indiqua le greffage de nos variétés françaises sur des cépages étrangers comme moyen de reconstitution du vignoble.

Il y eut beaucoup de tâtonnements et d'échecs, surtout parce que l'on voulait trop généraliser ; or il n'y a pas de *porte-greffe universel*, et, pour chaque terrain, chaque exposition et chaque climat, il faut un plant approprié ; il doit en outre exister une certaine *affinité* entre le porte-greffe et le greffon.

Le porte-greffe doit :

1° Résister au *phylloxera*.

2° Etre bien *adapté*, c'est-à-dire choisi pour le terrain dans lequel on le met.

3° Avoir de l'*affinité* pour le greffon.

Les remarquables travaux de M. Prosper Gervais sur l'adaptation, et ses études approfondies des porte-greffes, ont fait faire un grand pas à la question.

Nous ne saurions mieux faire que de mettre sous les yeux de nos lecteurs, le tableau dressé par M. Prosper Gervais, pour indiquer les porte-greffes usuels, et les terrains dans lesquels ils se plaisent (1); il y a là une sélection attentive et un choix judicieux.

---

(1) PROSPER GERVAIS. — *Les porte-greffes*. — Rapport présenté au Congrès viticole de Lyon, 1er septembre 1898 et au Congrès international de Lausanne.

Porte-greffes

1° TERRAINS FACILES. — Meubles, profonds, frais et riches, o à 15 o/o calcaire. — Riparia Gloire.

2° TERRAINS DIFFICILES :

A. Terrains calcaires

Américains purs	AMÉRICO-AMÉRICAINS	FRANCO-AMÉRICAINS
Berlandieri	Berlandieri X Riparias 157 [11], 420, 33 et 34.	Chasselas X Berlandieri, 41, B.
	Berlandieri X Rupestris, 219, 301.	Mourvèdre X Rupestris, 1202.
	Monticola X Riparia 554 [5].	Aramon X Rupestris n° 1.
	Colorado.	Cabernet X Berlandieri ou Tisserand, 333.
	Taylor-Narbonne.	
	Rupestris du Lot.	
	Riparia X Rupestris, 3306, 3309, 101 [14].	

B. Terrains compacts

Solonis X Cordifolia X Rupestris, 2024.	Alicante X Bouschet X Cordifolia, 142, B.
Rupestris du Lot.	*Aramon X Rupestris,* n°s 1 et 2.
Riparia X Rupestris, 3306 et 101 [14].	*Bourrisquou X Rupestris,* 601.
Solonis X Riparia, 1615, 1616.	*Mourvèdre X Rupestris,* 1202.

C. Terrains humides

Solonis X Cordifolia X Rupestris, 2024.	*Mourvèdre X Rupestris,* 1202.
Solonis X Riparia 1615, 1616.	Aramon X Rupestris, n° 1.
Taylor-Narbonne.	
Solonis.	

D. Terrains secs

Rupestris Martin		
Riparia X Cordifolia Rupestris, 106 [8].	Bourrisquou X Rupestris, 603.
Rupestris du Lot.	Pinot X Rupestris, 1305.
Riparia X Rupestris, 3309.	Cabernet X Rupestris, 33 A [1] et 33 A [2].
Cordifolia X Rupestris.	

Le Berlandieri indiqué ici pour les terrains calcaires, est peu utilisé par suite de la difficulté très grande que l'on éprouve pour obtenir avec lui de bonnes greffes, c'est le plus grand inconvénient de ce plant qui est souvent abandonné par la plupart des viticulteurs. Au point de vue de l'adaptation, il semble que, pour les pays à grande production, les *américo-américains* soient préférables ; ils sont plus *précoces* et leur fructification est plus régulière.

Pour les autres régions, à moins grande production, les *franco-américains*, rendront de grands services.

Parmi les américains purs, on peut employer le *Riparia* dans les terrains riches et profonds, peu calcaires.

Il importe de connaître la résistance au phylloxera des différents porte-greffes, car c'est leur première qualité.

Voici quelques indications à ce sujet (1) :

1° *Variétés de résistance presque absolue :*

Rupestris du Lot, Rupestris Ganzin, Rupestris Martin et Rupestris métallique.

Riparia Gloire, Riparia tomenteux, Riparia grand glabre.

Berlandieri.

2° *Porte-greffes de résistance suffisante :*

Riparia $\times$ Rupestris 101¹⁴; 3306 et 3309.

Aramon $\times$ Rupestris Ganzin, n° 1 et n° 2.

Mourvèdre $\times$ Rupestris 1202.

Pinot $\times$ Rupestris 1305.

---

(1) Foëx, cours complet de viticulture.

Bourrisquou $\times$ Rupestris 601 et 603.

Solonis $\times$ Riparia 1615 et 1616.

Cabernet $\times$ Berlandieri 333 ou Tisserand.

Chasselas $\times$ Berlandieri 41 B.

Gamay Couderc 3103.

3° *Porte-greffes pouvant résister dans des conditions favorables* :

    Solonis.

    Vialla.

    Taylor-Narbonne.

    Jacquez.

Les greffes sur *Solonis* fructifient beaucoup et de
bonne heure; malheureusement, ce porte-greffe ne
peut résister que dans des terrains peu calcaires et
très frais.

Le *Vialla* convient assez bien dans les sols peu
calcaires du Beaujolais et dans les terres grani-
tiques.

Le *Taylor-Narbonne* et le *Jacquez* peuvent donner d'assez bons résultats dans les sols riches et
profonds du Midi.

4° *Cépages de résistance insuffisante :*

    Herbemont.

    Noah.

    Clinton.

    Cornucopia.

    Othello.

    Elvira.

Ces cépages ne doivent jamais être employés
comme porte-greffes.

Il faut en outre choisir le porte-greffe de façon

qu'il se plaise dans le terrain dont on dispose, et nous devons connaître la résistance au calcaire.

Le *Riparia* convient dans les sols riches ne renfermant pas plus de 15 p. 100 de calcaire, c'est alors un excellent porte-greffe; ses greffes-boutures reprennent très bien, elles peuvent parfois donner jusqu'à 60 et 70 p. 100 de bonnes greffes qui fructifient très vite et abondamment.

Le *Rupestris* résiste à 30 p. 100 de calcaire, il se greffe bien et donne une bonne reprise. Ses greffes sont vigoureuses, mais leur fructification est un peu tardive. Les rupestris conviennent aux terrains *secs*.

Le *Berlandieri* résiste bien au calcaire, il chlorose rarement, bien qu'en général il nous paraisse manquer de vigueur. La faible reprise de ses boutures rend son emploi difficile.

Ensuite viennent les hybrides dont beaucoup sont très résistants au calcaire et, parmi eux, nous citerons plus particulièrement :

Le *Mourvèdre* $\times$ *Rupestris 1202* et le *Pinot* $\times$ *Rupestris* qui se maintiennent verts et vigoureux avec des doses de 50 p. 100 de calcaire; l'*Aramon* $\times$ *Rupestris Ganzin n° 1*, très bon porte-greffe dans les sols un peu riches et profonds; les *Riparia* $\times$ *Rupestris 101¹⁴, 3306 et 3309*; les hybrides de *Berlandieri*, parmi lesquels le *Chasselas* $\times$ *Berlandieri 41 B* paraît l'un des meilleurs pour la reconstitution en terrains très calcaires.

Enfin, en ce qui concerne les hybrides encore plus nouveaux, porte-greffes ou producteurs directs, nous ne pouvons nous prononcer, ces cépages étant étudiés depuis trop peu de temps.

Jusqu'ici, ils se sont bien comportés, et paraissent résister au phylloxera et aux maladies cryptogamiques, mais il serait prématuré de conclure, dès maintenant, à leur immunité parfaite.

Voici les conclusions de M. Prosper Gervais :

« *Restons fidèlement* attachés au nouveau système d'établissement de la vigne, dont les porte-greffes sont le pivot, et qu'une expérience de 25 ans a consacré. Quels que soient les inconvénients qu'on puisse lui reprocher, il a du moins, l'avantage de ne pas modifier profondément nos vignobles dans leur essence et dans leurs résultats ; il en est la restauration pure et simple, la résurrection sous une autre forme. Grâce aux porte-greffes, les plaines fertiles de l'Hérault ont vu revivre l'abondance de leurs Aramons, qui sont leur prospérité et leur raison d'être, comme le Pinot fin est la raison d'être de la Bourgogne et la source de son universelle renommée. *Nous possédons actuellement, on peut l'affirmer, de quoi faire face à toutes les exigences de la reconstitution, et il n'est pas de vignoble en France pour ingrat qu'en soit le sol, dont la reconstitution ne puisse être entreprise avec les chances les plus sérieuses de succès.* »

Producteurs directs

Les producteurs directs ont déjà fait couler des flots d'encre. Devant l'incertitude de l'affinité de nos vieux plants français avec les porte-greffes améri-

cains, devant les échecs de nombreuses plantations,
on avait espéré obtenir de meilleurs résultats en
employant des producteurs directs, résistant au
phylloxera et aux maladies cryptogamiques, et susceptibles de donner du vrai vin.

Est-ce là l'avenir ? Nous n'en savons rien, la question est encore trop peu étudiée à ce jour, et pour la
résumer, voici les conclusions tirées par M. Roy-
Chevrier, de son intéressant rapport présenté au
Congrès de Lyon, en 1898 (1) :

« *Les hybrides, producteurs directs, doivent être*
« *essayés partout et plantés en grande culture dans*
« *peu d'endroits.*

« Dans les exploitations mixtes où les nécessités
« agricoles empêchent le personnel viticole de pro-
« céder en temps voulu, aux multiples façons de la
« vigne nouvelle ; partout où, faute de main-d'œu-
« vre, de surveillance ou d'argent, on ne pourra ni
« sulfater, ni badigeonner, ni soufrer, ni poudrer,
« ni ébourgeonner, dans les domaines négligés, de
« production vulgaire, confiés loin de l'œil du maî-
« tre, à la gestion d'ouvriers indifférents, plutôt qu'à
« l'initiative d'intelligents vignerons, le *producteur*
« *direct peut rendre des services.*

« Mais, partout ailleurs, même pour les vins ordi-
« naires, abandonner la greffe, maintenant que nous
« possédons les porte-greffes les plus merveilleux,

_____

(1) *Les producteurs directs en 1898*, par Roy-Che-
vrier. — Rapport présenté au Congrès viticole de
Lyon, le 1er septembre 1898.

« ce serait lâcher la proie pour l'ombre, ce serait
« sombrer au port.

« Abandonner la culture du vinifera, ce serait
« vouer notre vignoble à la plus désolante médio-
« crité, au plat nivellement de tous les crus, à la
« disparition de sa personnalité si variée et si vi-
« vante. »

Voici maintenant un tableau indiquant les principaux producteurs directs.

A. — Producteurs directs anciens

Othello. — Très fertile, maturité moyenne, peu
résistant au phylloxera, sensible au mildiou et à
l'oïdium.

Noah. — Redoute le calcaire, résistant au phylloxera, fertile, vin foxé.

Jacquez. — Cultivable dans le Midi.

Ces anciens producteurs directs et beaucoup d'autres, ont eu leur raison d'être au début de la reconstitution, mais ils doivent être maintenant proscrits ;
ils ne peuvent pas, à eux seuls, permettre de faire
un vin normalement constitué et accepté par le con-
sommateur.

B. — Producteurs directs nouveaux

Ce sont tous des hybrides, résistants au phylloxera, et issus, pour la plupart, des Rupestris. On
distingue :

4401 de *Couderc*, *(Rupestris* × *Chasselas rose)*. —
Très résistant aux maladies cryptogamiques.

Hybride Seibel, n° 1. — Résistant au mildiou et à l'oïdium, peu sensible aux gelées et au black-rot, tardif.

Alicante ✕ *Rupestris Terras, n° 20.* — Très vigoureux et très fructifère. — Région du Midi.

Clairette dorée Ganzin. — Maturité tardive.

Hybrides Castel, n° 14707, 255, 3540, 6518. — Demandent à être étudiés.

Plant des Carmes. — Résistant au black-rot et mildiou. — Vin foxé.

Auxerrois ✕ *Rupestris.* — Résitant au calcaire.

Hybride Franc. — Plutôt porte-greffe que producteur direct.

Jardin, 201 Couderc, (Riparia ✕ Rupestris ✕ Aramon).

1103, *Couderc, (Rupestris* ✕ *Chasselas).*

603, *Couderc, (Bourrisquou* ✕ *Rupestris).*

Beaucoup de ces hybrides n'ont pas encore fait toutes leurs preuves, et il convient de les étudier soigneusement, ainsi que ceux qui seront mis bientôt à notre disposition par les célèbres hybrideurs tels que Couderc, Terras, Ganzin, Millardet, Castel, Seibel, etc. En tous cas, nous conseillons d'observer la plus grande prudence, ces plants ne devront être employés que dans les régions à vins communs où, *par leur grande production et leur résistance assez grande aux gelées du printemps, au mildiou et au black-rot, ils peuvent rendre des services.*

Cépages français

	CÉPAGES NOIRS	CÉPAGES BLANCS
RÉGION DU SUD	*Aramon ou Ugni noir.* Petit Bouschet. Alicante Bouschet. Œillade Bouschet. *Carignane.* *Morrastel.* Espar ou Mourvèdre. Grenache. Cinsaut. Brun fourca. Picpoul. Calitor. Terret Bouschet.	Terret Bourret. Picpoul blanc. Aspiran blanc. Clairette ou blanquette. Picardan. Ugni blanc. Muscat blanc. Mayorquin. Panse précoce. Grenache blanc. Muscat Jésus Malvoisie.
RÉGION DU SUD-OUEST	Folle noire. Cabernet franc. Cabernet Sauvignon. Merlot. Malbeck ou Côt. Verdot. Mansenc. Gros-Grappu. Chalosse noire (Gers). Carmenère. Négret (Haute-Garonne).	Folle blanche ou Enrageat. Sauvignon. Sémillon. Muscadelle.
Région de l'Ouest (Charente)	Balzac. Groslot. Côt ou Malbeck. Folle noire.	Folle blanche. Sémillon blanc.
RÉGION du SUD-EST	Mondeuse. Persan. Corbeau. Syrah. Hibou noir. Picpoul.	Roussanne. Marsanne. Mondeuse blanche, Ste-Marie de Vimines.
RÉGION DU JURA	Enfariné ou Lombard. Poulsard ou Plant d'Arbois. Gueuche noire. Trousseau. Béclan.	Savagnin vert et blanc.

RÉGION DE LA HAUTE-BOURGOGNE

Pinots fins	Fin noirien.	Pinot blanc vrai.
	Aigret.	Chardonnay.
	Tête de nègre.	Aligoté.
Pinots productifs.	Giboudot.	Melon.
	Renevey.	Gamay blanc.
	Mathouillet.	
	Liébaut.	
	Carnot.	
	Pansiot.	

Pinot de Pernand ou Gros noirien.
Pinot beurot.

Gamays....	Rond.
	Bévy.
	Arcenant.
	Evelle.
	Malain.
	du Beaujolais.

Gamay Beurot.

Gamays Teinturiers.	Fréau.
	Castille.
	Larrey.
	Barbental.
	Chaudenay.

Région de la Basse-Bourgogne

Tressot.	Chardonnay.
Franc noir.	Meslier.
César ou Romain.	
Pinots.	
Gamays.	

Région du Centre

Chenin noir.	Chenin blanc ou Pinot
Groslot.	de la Loire.
Meunier.	
Variétés de Teinturiers.	

Région du Nord

Meunier.	Meslier.
Gamay précoce des Vosges.	Précoce de Malingre.
Gamays.	Madeleines.
Portugais bleu.	

Nous avons ajouté à dessein, dans les cépages du Nord, le *Portugais bleu*, originaire d'Autriche, débourrant tard, coulant peu, et produisant beaucoup,

C'est un cépage précoce qui donne un vin plat peu
apprécié, mais en mélange il peut rendre des services
à cause de sa précocité dans ces régions où la maturité n'est presque jamais complète. Un mélange de
portugais bleu avec les autres cépages, dans une
proportion pouvant varier de 1/3 au 1/6 donne de
bons résultats.

CHAPITRE III

Physiologie de la Vigne

La vigne est une plante à feuilles caduques ; sa végétation est arrêtée pendant le temps où les feuilles sont absentes, c'est-à-dire pendant l'hiver.

Au printemps, les tissus se gorgent d'eau et si l'on pratique une section en un point quelconque, la sève s'écoule ; *on dit que la vigne pleure*. Ces pleurs sont plus ou moins abondants, et les tailles tardives ont l'inconvénient, non seulement d'affaiblir un peu la souche, mais surtout de noyer les yeux supérieurs.

La température continuant à s'élever, les bourgeons se gorgent de sève, leurs écailles s'écartent, l'on aperçoit une matière cotonneuse blanchâtre qui laisse voir les jeunes feuilles pliées en gouttière, c'est le *bourgeonnement ou débourrement*.

A partir de ce moment, le bourgeon s'allonge ; il puise d'abord la nourriture dans les réserves du bois, puis les racines fonctionnent, les feuilles se développent et assimilent du carbone, fabriquent de l'amidon et du glucose qui serviront à la production d'organes nouveaux et aux jeunes grappes.

Pendant cette époque préparatoire à la maturation, les racines ont besoin de trouver à leur portée les matières organiques et minérales et l'eau nécessaire à leur dissolution. Il faudra donc ameublir le sol par les façons culturales.

Ensuite les fleurs s'épanouissent et la fécondation va s'opérer. Cette fécondation est croisée, c'est-à-dire que le pollen d'une fleur va féconder l'ovaire d'une autre fleur. L'épanouissement d'une fleur demande dix à douze jours, et comme toutes ne s'ouvrent pas en même temps, la période de floraison et de fécondation est de vingt à vingt-cinq jours. Il faut à ce moment une température de 16 à 20 degrés. S'il survient des vents violents et secs ou de fortes pluies, beaucoup de fleurs avortent, le *raisin coule*.

Pendant la floraison, l'activité de la vigne est comme suspendue, mais elle reprend bientôt après la fécondation ; il ne se produit plus guère d'organes nouveaux, le développement du bois se ralentit, toute l'activité se concentre pour amener le grossissement des grains, et accumuler dans le bois des matériaux qui serviront au printemps suivant à donner de nouvelles pousses.

Cette période dure environ cinquante jours. Ensuite, le raisin se colore en violet pour les variétés noires, ou s'éclaircit pour les raisins blancs, c'est le moment de la *véraison* ; l'acidité des grains diminue au fur et à mesure que la richesse en sucre augmente, le grain se ramollit, se détache facilement et devient juteux, la queue se dessèche, et l'on peut *vendanger*.

Le raisin étant récolté, le bois accumule des provisions pour le printemps suivant, il se lignifie, on dit qu'il *s'aoûte*, les feuilles prennent une coloration jaune ou rouge, suivant les cépages, et enfin se détachent ; aux premiers froids, toutes les parties des sarments restées vertes tombent, et la vigne se retrouve dans sa période hivernale.

Durée approximative de chacune des époques de végétation.
Somme de chaleur nécessaire.

	DURÉE	CHALEUR nécessaire
Pour l'épanouissement des bourgeons	30 jours	140°
Pour le développement des feuilles et des grappes.....	50 jours	735°
Pour la floraison............	20 jours	400°
Pour la formation du grain..	40 jours	850°
Pour la maturation des fruits	50 jours	980°
Totaux...	190 jours	3.105° (1)

(1) Dans toutes les régions où l'on atteindra cette somme de chaleur, la vigne pourra mûrir, à condition qu'au moment de la fécondation, la température ne s'abaisse pas au-dessous de 15 degrés.

CHAPITRE IV

Procédés de Multiplication

Les procédés de Multiplication auxquels on peut
avoir recours pour la vigne sont :

      1° *Le Semis.*
      2° *Le Bouturage.*
      3° *Le Marcottage.*
      4° *Le Greffage.*

1° SEMIS

Le semis est le mode de reproduction naturelle de
la vigne, mais cette méthode, longue et minutieuse,
n'est guère employée en pratique.

Néanmoins, c'est par le semis que l'on obtient les
variétés nouvelles, que l'on peut sélectionner et fixer
ensuite par le bouturage. Ce sont les semis et l'hybridation qui ont fourni ces hybrides américo-américains ou franco-américains, permettant de résou-
dre la question de reconstitution.

Le semis n'est pas utilisable dans la pratique courante ; il peut cependant servir, dans les régions non
déclarées phylloxérées et où l'introduction des cé-

pages américains est interdite, pour obtenir ces
cépages ; pour cette raison, nous donnerons le mode
opératoire.

Choix des graines. — Les graines destinées au
semis doivent être de la récolte précédente, et avoir
été recueillies lorsque les raisins sont bien mûrs. On
écrase les grains sur un tamis, on lave à grande
eau pour bien détacher la pulpe et on laisse sécher à
l'ombre.

Stratification. — Au mois de novembre, on met
les graines à stratifier dans du sable pur, pour avoir
une germination régulière.

Semis. — Le semis s'exécute au mois d'avril dans
un sol léger et bien fumé ; les résultats seront meilleurs si l'on recouvre le sol d'une couche de 10 centimètres de terreau. On sème en lignes espacées de
20 à 30 centimètres, en laissant 10 centimètres sur la
ligne et l'on enterre à 3 ou 4 centimètres de profondeur.

Soins d'entretien. — Le sol est recouvert d'un
léger paillis et tous les deux ou trois jours on bas-
sine légèrement. La levée se fait au bout d'un mois.
Les jeunes plants étant sensibles à l'action du soleil,
il est bon de les protéger par un léger clayonnage.
Les autres soins sont des sarclages et de légers binages en temps utile.

Repiquage. — Au mois de mars suivant, on re-
pique les jeunes plants à demeure dans un sol bien
préparé, ou bien on les met encore en pépinière.

Au bout de deux à trois ans, on peut prendre des
boutures sur les pieds-mères remarqués comme
étant les plus vigoureux.

Par ce procédé, on se procure à l'avance des porte-greffes résistants dans les milieux indemnes; et c'est dans ce seul cas que l'on peut utiliser pratiquement le semis.

L'obtention de nouvelles variétés et l'hybridation sont plutôt du domaine du pépiniériste que de celui du vigneron.

BOUTURAGE.

Le bouturage est un mode de reproduction très anciennement employé; il a l'avantage d'être simple et de donner un végétal absolument semblable à celui qui l'a fourni.

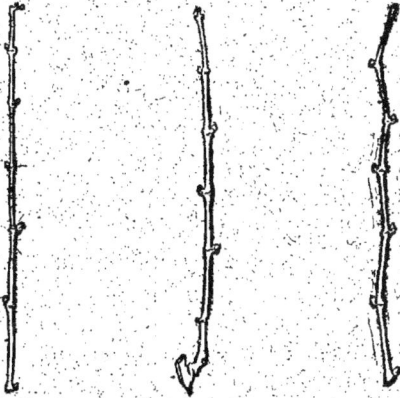

Fig. 1—B. ordinaire. Fig. 2—B. à crossette. Fig. 3. — B. à talon

Une bouture est constituée par un fragment de sarment plus ou moins long qu'on place dans le sol pour le faire enraciner.

On distingue différents types de boutures.

1° *La bouture simple* qui est un morceau de sarment de l'année coupé au niveau d'un nœud (fig. 1).

2. *La bouture à crossette*, dans laquelle le sarment de l'année est terminé à la base par un fragment de bois de deux ans (fig. 2).

3° *La bouture à talon*, qui ne porte à sa base qu'un éclat de bois de deux ans (fig. 3).

4° *Bouture à un œil* ou *bouture semée*, qui ne comprend qu'un seul bourgeon que l'on évide souvent à la partie inférieure (fig. 4).

Bois entier.   Bois coupé.

Fig. 4. — B. à un œil.

5° *Boutures herbacées*, faites avec des sarments verts.

La *bouture à un œil* doit être placée dans une terre bien meuble à une profondeur de 7 à 8 cent. sous une bâche chauffée, elle donne des pousses très vigoureuses et peut servir pour multiplier des espèces rares, mais, de même que les boutures herbacées, elle demande trop de soins minutieux pour être employée dans la pratique courante.

La *bouture à crossette* présente un empâtement favorable au développement des racines, mais la crosse placée à la base rend la plantation difficile et le bois de deux ans est trop vieux pour s'enraciner. Pour supprimer ces inconvénients, on emploie avec avantage la *bouture à talon* qui ne conserve à sa base que l'empâtement favorable à l'enracinement,

C'est ce dernier type ainsi que la bouture ordinaire qui sont le plus communément employés.

CHOIX DES BOUTURES. — Les boutures doivent être prélevées sur des ceps exempts de *maladies crypto-gamiques ou autres*. Le bois devra être bien aoûté. Les meilleures boutures sont fournies par des bois de grosseur moyenne, à nœuds rapprochés; on les choisit dans la partie moyenne des sarments, car alors elles s'enracinent facilement, fructifient rapidement et donnent beaucoup de fruits. Les gros sarments s'enracinent difficilement et sont peu fructifères, les petits sont peu vigoureux, souvent mal aoûtés; ils se dessèchent quelquefois avant d'avoir émis leurs racines, et, en tous cas, ne donnent que des ceps peu vigoureux.

Il est indispensable de *marquer* avant la vendange les ceps vigoureux et fertiles sur lesquels on prendra les boutures.

CONSERVATION. — Il est préférable de récolter les boutures peu avant de les employer, c'est-à-dire au printemps même, mais quelquefois la crainte des grands froids ou tout autre cause force à récolter les sarments avant l'hiver. On les conserve alors par paquets de cinquante, ayant 60 à 80 centimètres de longueur, pour présenter deux longueurs de boutures, dans du sable fin, en séparant les paquets par une couche de 15 centimètres de sable, et l'on entoure le tout d'une épaisseur de 25 centimètres de sable. Ce dernier sera légèrement humide et placé dans un endroit à température douce; il se produit ainsi un commencement d'évolution qui facilite l'enracinement.

Lorsque les boutures ne doivent être gardées que quelques jours, il suffit de les placer debout et d'en faire plonger la base dans un vase plein d'eau.

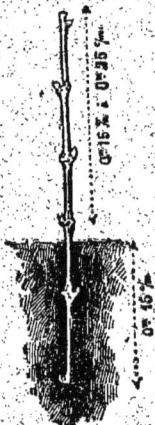

LONGUEUR DES BOUTURES. — En principe, les boutures les plus courtes sont les meilleures, car elles donnent un système radiculaire plus puissant, mais il faut tenir compte de la nature du sol et de son état d'humidité.

Pour les boutures verticales, il suffit généralement d'une longueur de 30 à 40 centimètres dont 15 centimètres en terre; il ne faut pas planter trop profondément car l'extrémité inférieure pourrit et ne donne pas de racines (fig. 5).

Quelquefois on plante obliquement (fig. 6); dans certains mauvais terrains, on couche les boutures pour les relever à leur extrémité; il faut alors une longueur de 60 à 80 centimètres, la reprise se fait bien, mais il y a plus de difficulté

Fig. 5. — Bouture verticale.

Fig. 6. — Bouture couchée.

pour planter, et, en général, les boutures verticales sont suffisantes.

MOYENS POUR FACILITER LA REPRISE. — Ces moyens
sont de deux sortes : 1° Ceux qui favorisent le développement rapide des racines ; 2° Ceux qui évitent la
dessiccation jusqu'à l'enracinement.

Les premiers consistent à mettre à nu la zone génératrice des racines. Par l'*écorçage*, on enlève deux
ou trois anneaux d'écorce sur la partie enterrée et
l'on favorise ainsi la formation d'un bourrelet. C'est
surtout employé pour les cépages américains difficiles à enraciner ; on enlève avec un greffoir, les yeux
enterrés de façon à éviter les rejets.

La *Torsion* consiste à tordre violemment la partie
inférieure des boutures. C'est un procédé qui doit
être évité, car il ne donne pas toujours de bons
résultats.

L'*Ecrasement* se fait en frappant avec un maillet
la partie inférieure de la bouture pour déchirer l'é-
corce. Ces procédés donnent d'assez bons résultats,
mais le premier est le meilleur, les autres ont l'inconvénient de produire des fentes dans lesquelles
l'eau pénètre, et il se produit de la pourriture.

En général, sauf pour les cépages difficiles à enraciner, on peut se contenter de planter la bouture
sans lui faire subir de mutilation, mais en ayant soin
d'éviter la dessiccation. Pour cela on disposera sur le
sol un léger paillis et l'on donnera des arrosages fré-
quents.

EPOQUE DE PLANTATION. — Il faut planter au moment où la bouture entre en végétation. Les plantations hâtives ont l'inconvénient d'exposer les boutures à une humidité excessive et à l'action des gelées ; il vaut mieux attendre le moment où la tem-

pérature est suffisante pour provoquer une rapide
végétation. Le bouturage de mars ou avril dans le
midi, et celui de mai dans les régions plus septentrionales est le meilleur ; il faut encore tenir compte
du sol et de son exposition : on plantera plus tôt
dans les terres légères et chaudes que dans les sols
argileux et humides.

PLANTATION. — La plantation se fait directement
en place ou en pépinière.

La plantation directe a l'avantage d'éviter des frais
de transplantation et de donner plus de place à
chaque bouture, mais souvent le milieu est peu favorable à l'enracinement, et il est difficile de donner
tous les soins nécessaires. Sauf pour les cépages à
enracinement très facile comme les *Riparia* et *Rupestris*, et dans les sols frais, légers, fertiles, il est
préférable de mettre en pépinière.

La pépinière doit être dans un sol léger, profond
et riche ; le terrain aura été défoncé à o m. 5o avant
l'hiver et fumé ; au printemps on donne un ou deux
labours superficiels.

Les boutures seront en lignes espacées de 3o à
4o centimètres et disposées à o,12 ou o,15 sur la
ligne. On plante, soit au plantoir, soit en faisant
une tranchée étroite dans laquelle on place les boutures et l'on recouvre ensuite. Il est bon de pailler
la surface.

Les soins d'entretien consistent en binage, sarclage
et arrosage ; ils sont faciles à donner sur la petite
surface de la pépinière.

Les boutures ne restent en pépinière qu'une année ; au printemps suivant on les met en place de la

même façon que les greffes dont nous parlerons plus loin.

Provignage ou Marcottage

La Marcotte n'est en réalité qu'une bouture, laquelle n'est détachée du pied mère qu'après son enracinement. On a donc tous les avantages du bouturage et une mise à fruit très rapide.

On distingue plusieurs sortes de Marcottes.

1° *Marcotte simple.* — Sur une souche on choisit un sarment vigoureux et on le couche dans une tranchée de 0 m. 25 à 0 m. 30 de profondeur, en relevant l'extrémité qui est taillée à deux yeux hors du sol (fig. 7).

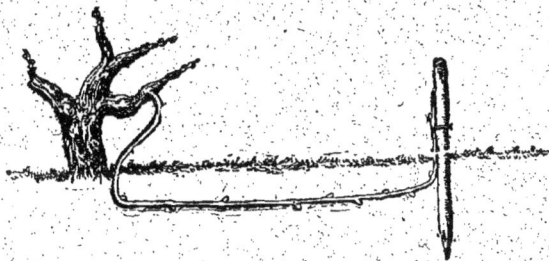

Fig. 7. — Marcotte simple.

On maintient le sarment couché par de petits crochets de bois et il est bon de fumer la marcotte. Au bout de deux ou trois ans, on peut sevrer sans inconvénient. Il faut avoir soin d'éborgner les yeux depuis le pied mère jusqu'à la pénétration en terre. La marcotte simple rend des services pour remplacer un cep manquant.

2° *Marcottage par couchage de la souche.* — Il se fait lorsqu'on veut obtenir d'un seul coup plusieurs provins. On couche toute la souche dans une tranchée préparée à cet effet et l'on conserve deux ou trois sarments que l'on taille à deux yeux hors du sol. Ce procédé était très utilisé autrefois dans les vignes de Bourgogne pour les rajeunir, mais son exécution est délicate, le vieux bois pourrit dans le sol, les racines sont mal réparties et les ceps peu vigoureux. C'est ce marcottage des souches qui porte plus particulièrement le nom de provignage.

3° *Marcottage chinois* (fig. 8). — C'est un pro-

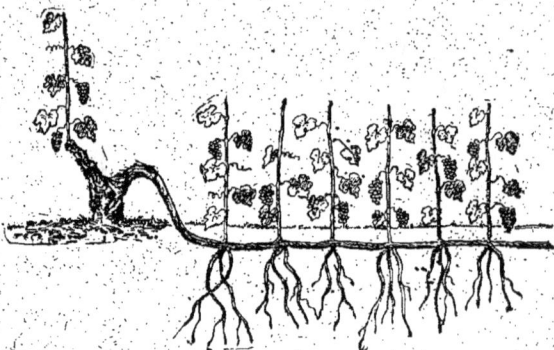

Fig. 8. — Marcotte chinoise.

cédé de multiplication qui permet d'obtenir en une saison des plants enracinés. — En février, on creuse auprès de la souche un fossé de 6 à 8 centimètres de profondeur et on y couche un sarment très long qu'on maintient sans le recouvrir. Au printemps, les bourgeons se développent et lors-

qu'ils ont 0,15 à 0,20 de longueur, on comble le fossé;
il se développe des racines à la base des jeunes rameaux et, à l'automne, il suffit de diviser le sarment
en autant de parties qu'il y a de bourgeons pour avoir
des boutures enracinées.

La terre de couverture doit être bonne, fumée et
suffisamment fraîche.

4° *Marcottage par versadi* (fig. 9). — Sur la
souche, on choisit un sarment que l'on recourbe
pour enfoncer son extrémité à 0 m. 20 ou 0,25 dans

Fig. 9. — Marcotte par Versadi.

une fosse bien fumée. On éborgne les yeux du sarment sauf ceux qui sont en terre et les deux plus
près de terre. L'enracinement se fait dans l'année;
on peut sevrer l'hiver suivant et l'on obtient ainsi
des plants très vigoureux qui donnent souvent
des fruits la première année.

EPOQUE DU MARCOTTAGE. — On peut pratiquer le
marcottage une fois que le bois est bien aoûté et
pendant tout l'hiver. Cependant dans les terres humides et fortes, il est préférable d'attendre le mois
de février.

Le provignage est un procédé de culture très anciennement employé ; il est utilisé pour remplacer des ceps manquants ou pour augmenter le nombre de souches à l'hectare. En Bourgogne, il était de pratique courante pour rajeunir les vignes et l'on attribuait au provignage une importance considérable pour la finesse du vin. En Champagne, on pratique encore le provignage comme procédé cultural.

On a tenté le provignage des vignes greffées ; nous ne le croyons pas pratique, cependant les résultats obtenus sembleraient contradictoires. A l'Ecole de Viticulture de Beaune, le provignage exécuté par M. Durand, alors Directeur de l'Ecole, n'a donné aucun résultat satisfaisant à partir de la deuxième année et à l'heure actuelle, les ceps provignés dépérissent et les souches mères sont affaiblies.

A l'Ecole de Montpellier, au contraire, après un affaiblissement pendant les deuxième et troisième années, on a constaté une vigueur remarquable.

Peut-être est-ce là une question de climat, mais cela ne doit pas nous préoccuper outre mesure, car le provignage n'est pas un procédé de culture indispensable ; on peut s'en passer sans nuire à la qualité et à la valeur du vin ; nous reviendrons d'ailleurs sur la question à propos de la taille.

Greffage

Le greffage était autrefois employé surtout en arboriculture. On l'utilisait accidentellement dans les vignes pour changer une variété ; mais il a pris une importance considérable en viticulture depuis l'invasion phylloxérique.

C'est le greffage qui nous a permis de conserver nos anciens cépages français en leur donnant un soutien réfractaire à l'action de l'insecte destructeur.

Nous ne nous occuperons ici que de la greffe au point de vue de la reconstitution du vignoble.

On appelle *sujet* le végétal destiné à puiser la nourriture dans le sol et à la transmettre au *greffon*, c'est-à-dire à la portion de végétal qui devra donner les fruits

Choix des porte-greffes. — Le greffage ne peut réussir qu'entre végétaux voisins les uns des autres; pour la vigne, les limites ne dépassent pas celles du genre, et encore certaines espèces sont-elles difficiles à greffer les unes sur les autres; c'est ainsi que la greffe sur Berlandieri est très difficile à réussir.

La soudure du sujet avec le greffon se fait par le contact de leurs couches génératrices dont les tissus en voie d'accroissement sont seuls susceptibles de s'unir et de se modifier; la moelle, le bois et l'écorce n'ont aucun rôle dans cette association. Le genre de greffe le plus recommandable sera celui qui mettra en contact la plus grande étendue de cellules de la couche génératrice du sujet et du greffon.

Pratique de greffage. — On peut *greffer sur place* c'est-à-dire sur les vignes américaines enracinées à demeure, ou *greffer sur table* avec des boutures de vignes américaines mises ensuite en pépinières pendant un an pour que la soudure et l'enracinement se fassent.

Le premier procédé est employé avantageusement dans le midi, grâce au climat; mais, dans les régions septentrionales, la greffe sur place est aléatoire, il y a beaucoup d'insuccès, les soins sont difficiles à donner et il est préférable de greffer sur table.

Époque de greffage. — L'époque la plus favorable est le printemps, depuis le 15 mars jusqu'au 15 mai, alors que les porte-greffes sont bien en sève, et les greffons bien conservés.

Age auquel le sujet peut porter la greffe. — On peut greffer la vigne à tout âge, mais les sujets les plus jeunes sont ceux qui donnent la plus grande proportion de soudures, les jeunes sujets étant plus favorables à la formation des cellules de la couche génératrice.

Choix des greffons. — Les greffons doivent toujours être choisis sur des souches saines, vigoureuses et fructifères que l'on aura marqué à l'automne et qui seront exemptes de maladies. Les sarments seront bien *aoûtés*, vigoureux, de développement moyen et renfermeront peu de moelle.

Ces greffons devront être recueillis avant le départ de la végétation, de décembre à février. Les sarments débarrassés de leurs vrilles et de leurs rejets sont mis en bottes de 50 ou 100, on les conserve dans du sable presque sec, car, *pour assurer la reprise, il faut que la végétation du greffon soit en retard sur celle du sujet, et elle doit être aussi peu avancée que possible au moment du greffage.* Les bottes sont mises en couches horizontales séparées par du sable, et le tout est disposé sous un hangar à température basse.

Avant le greffage, les bottes sont retirées avec précautions et mises pendant 48 heures le pied dans l'eau; les sarments doivent être bien verts.

Systèmes de greffage. — On pourrait employer pour la vigne toutes les méthodes utilisées en arboriculture, mais les procédés les plus usuels, sont :

La *greffe en fente ordinaire.*

La *greffe anglaise* et ses différentes modifications, et la *greffe en écusson,* encore peu usitée.

Greffe en fente ordinaire. — Elle s'emploie surtout pour le greffage sur place des gros sujets; cependant, on peut s'en servir sur table pour les sarments assez gros.

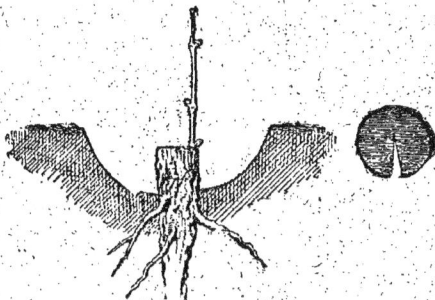

Fig. 10. — Greffe en fente ordinaire. Section d'une souche.

Pour la faire sur place, on déchausse le sujet jusqu'au niveau des grosses racines, et on le coupe à 0,02 ou à 0,03 au-dessous du niveau du sol.

On rafraîchit la plaie avec une serpette, puis le sujet est fendu, suivant son diamètre, avec un ciseau ou simplement une serpette s'il est de petite dimension (fig. 10).

Le greffon présente ordinairement trois bourgeons; au-dessous du dernier on taille le sarment en forme de lame de couteau, de façon que les biseaux convergent vers le bas et en même temps se rapprochent du côté qui leur est opposé (fig. 11). On enfonce alors le greffon dans les fentes, en l'obliquant un peu pour être sûr de faire coïncider les deux couches génératrices.

Pour les très gros sujets, on pose deux greffons, un à chaque extrémité d'un même diamètre.

Greffe en fente pleine. — Se fait sur les jeunes sujets avec des greffons du même diamètre que le sujet. Après avoir recépé ce dernier au niveau du sol, on le fend par le milieu avec un ciseau à greffer. Le greffon est taillé en biseau sur les deux faces, puis enfoncé dans la fente en faisant coïncider les écorces (fig. 12).

Ce procédé est peu à recommander, les greffes manquent de solidité, et il est préférable, lorsque sujet et greffon ont le même diamètre, d'employer la greffe anglaise.

Greffe anglaise. — C'est la plus employée pour la reconstitution, surtout lorsque l'on greffe sur table.

Il faut préparer d'abord les porte-greffes et les greffons. Les porte-greffes récoltés bien aoûtés sont

Fig. 11. — Greffon préparé pour le greffe en fente.

Fig. 12. Greffe en fente pleine.

divisés en baguettes d'environ 1 mètre, débarrassés des vrilles et des petits rameaux et triés; le *diamètre minimum doit être de 5 1/2 à 6 millimètres au petit bout*. On contrôle au moyen d'une jauge très simple, constituée par une planche présentant des crans de

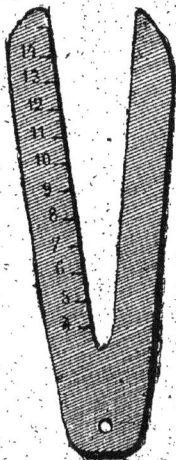

Fig. 13. — Jauge pour mesurer les bois.

différents diamètre, soit par une jauge en zinc présentant une entaille dont l'ouverture va en s'amincissant (fig. 13).

Les sarments sont mis en bottes de 100 à 200, et on les fait stratifier dans du sable. Lorsqu'on achète les porte-greffes, ceux-ci ont pu se dessécher, et il est utile de les faire tremper dans l'eau pendant deux ou trois jours. Au moment du greffage, les porte-greffes sont divisés en fragments de 0^m 25 à 0^m 30 en faisant toujours la coupe au-dessous d'un nœud, et l'on enlève complètement les yeux.

Les greffons sont sectionnés à 0^m 08 à 0^m 12, sui-

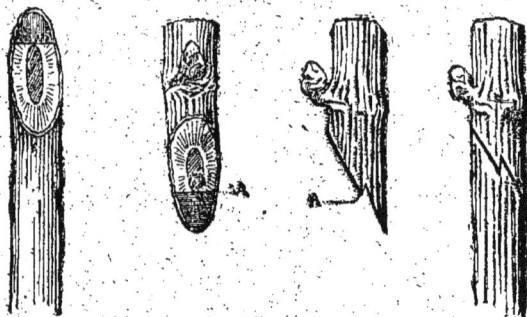

Fig. 11. Greffe anglaise.
1. sujet. — 2 et 3. greffon. — 4. assemblage.
a. languette d'assemblage.

vant les espèces, en ne laissant qu'un œil surmonté de 0^m 02 à 0^m 03 de bois.

Ceci fait, on procède au greffage : Le sujet et le greffon sont taillés de la même manière, en un biseau, dont la longueur représente deux et demie à trois fois le diamètre du sarment.

Le biseau doit être fait d'un seul coup avec un greffoir bien tranchant, et la section doit être un peu concave pour avoir une bonne soudure.

Pour faciliter l'assemblage, on pratique sur le sujet une fente dans le sens des fibres du bois, pour séparer une languette qui s'emboîte dans la fente faite de la même manière sur le greffon. Cette fente est exécutée aux deux tiers du biseau à partir de la base, elle a une profondeur de 2 à 3 millimètres ; le *bois doit être coupé et non fendu* (fig. 14).

On assemble alors sujet et greffon en emboîtant les languettes à fond.

La greffe anglaise donne d'excellents résultats ; il est bon de placer l'œil du greffon aussi près que possible du porte-greffe en avant du biseau, car la soudure est ainsi favorisée. Cette greffe a subi de nombreuses modifications locales dans le détail desquels nous ne pouvons pas entrer.

Un bon greffeur peut faire 800 à 1,200 greffes en 10 heures.

Il existe un grand nombre de machines à greffer, destinées à exécuter un travail rapide ; malheureusement les résultats ne sont pas très satisfaisants ; le bois est souvent déchiré et les soudures se font mal. Le plus souvent, on préfère le greffage à la main, lequel, exécuté par des ouvriers exercés, donne plus de reprise.

Greffe en écusson. — Ce mode de greffage a été préconisé depuis quelques années pour permettre de changer les variétés sans cependant être obligé de recéper le sujet. Il permet, en outre, d'établir des cordons de vignes américaines et de greffer des coursons au point voulu.

Cette greffe peut se faire au printemps, à *œil poussant* ou bien au mois d'août à *œil dormant* qui ne se développera que l'année suivante.

L'œil greffon est choisi sur un sarment vigoureux

tissu d'un pied fructifère. Cet œil est enlevé à l'aide d'un greffoir avec une languette des tissus sur une longueur de deux à trois centimètres, puis il est introduit sous l'écorce du cépage à greffer dans une sorte de boutonnière faite par une simple incision droite ou le plus souvent dans une incision en forme de T. On force l'écorce à se décoller en ployant légèrement le porte-greffe; le greffon, établi solidement, on ligature avec de la laine ou plus simplement avec du raphia (fig. 15).

On greffe le plus souvent sur le bois de l'année, mais il est possible d'écussonner des bois de deux ans.

Voici, au sujet de cette greffe, les renseignements qu'a bien voulu nous communiquer M. Jouard, vigneron, à Chasagne-Montrachet :

Fig. 15.
Greffe
en écusson.

« La greffe réussit particulièrement « sur les racinés de deux ans et même « sur les vieux ceps. On fait une incision en T, ce qui est facile lorsque « le plant est en pleine sève, puis on « lève sur un sarment bien conservé, un écusson « de deux à trois centimètres en faisant la section « bien plane, et de manière que le greffoir touche « légèrement la moelle de l'œil.

« Il faut avoir eu soin de faire tremper le sarment « dans l'eau pendant une demi-journée, puis d'enlever l'épiderme qui entoure l'œil, enfin on l'applique sous la peau du porte-greffe et on lie au « raphia en commençant par le haut.

« Cette greffe peut se faire à n'importe quel mo-
« ment, à partir du 10 avril, sans avoir besoin de
« décapiter le sujet. Lorsque la greffe a poussé de
« huit à dix centimètres, on coupe le raphia et l'on
« anéantit les pousses du sujet.

« Si la greffe n'est pas reprise (ce qui est rare) on
« peut recommencer tous les quinze jours.

« Les greffes faites en avril et mai m'ont donné
« du raisin qui est arrivé à complète maturité.

« Une chose importante, c'est de *greffer par un*
« *temps sec,* et prévoir qu'il ne pleuvra pas pen-
« dant trois ou quatre jours. »

La greffe en écusson, pour la vigne, étant encore
relativement nouvelle, n'a pas toujours donné les
résultats désirables, par suite d'un mode opératoire
défectueux ; cependant, en examinant bien les conditions, il nous semble que ce procédé peut être
appelé à rendre d'assez grands services dans le vignoble.

Ligatures. — Les greffes anglaises sont généralement liées avec du raphia, qui est peu coûteux et
suffisamment solide, tout en se désorganisant assez
vite pour éviter l'étranglement. On fait six à huit
tours *en ne faisant pas toucher les spires,* de façon
que la partie greffée puisse avoir un peu d'air.

La ficelle et la laine donnent aussi d'assez bons
résultats ; mais dans les années sèches, il faut les
couper après la soudure, et dans les années humides,
elles se détruisent trop vite ; de plus, leur emploi est
plus onéreux que celui du raphia. Une bonne lieuse
peut ligaturer 1.800 à 2.000 greffes en dix heures.

On a aussi proposé la *greffe au bouchon.* On enferme les parties sectionnées dans un bouchon, maintenu en place par des ligatures. Jusqu'ici, les avantages de ce procédé ne semblent pas suffisants pour qu'on puisse le recommander.

Enfin, pour les greffes en fente, ordinaire ou pleine, on se contente d'engluer avec de l'argile ou des mastics spéciaux.

SOINS A DONNER AUX GREFFES.

Les greffes faites sur place doivent être placées à l'abri de l'air. Pour cela, on butte fortement avec de la terre bien meuble, en ne laissant sortir que l'œil supérieur, ou le plus souvent en recouvrant le tout; il faut opérer le buttage avec soin pour éviter d'ébranler la greffe.

Pendant la végétation, on donne des binages et des sarclages, et il faut avoir bien soin *d'enlever toutes les racines qui naissent sur le greffon et de détruire tous les rejets du porte-greffe.* Ce sevrage est absolument indispensable (fig. 16).

Lorsqu'on fait les greffes sur table, elles doivent ensuite être mises en stratification. On les dispose horizontalement, par paquets de dix, dans du sable ou de la mousse légèrement humide; les tissus se gonflent, les racines apparaissent sur le bourrelet, les yeux du greffon se développent et la soudure commence à se produire. Lorsque les jeunes pousses ont environ un centimètre, on met en pépinière.

Pépinières. — On choisira un terrain bien meuble, éloigné des arbres, sain, frais, bien exposé et très fertile.

Il faudra se placer aussi à proximité de l'eau d'arrosage, car il est souvent nécessaire de bassiner les plants en pépinière.

Le terrain sera préparé d'une manière parfaite.

A l'automne, on répandra un mètre cube de fumier bien décomposé, par are, et si le sol est pauvre en acide phosphorique, on ajoutera 15 à 20 kilo-

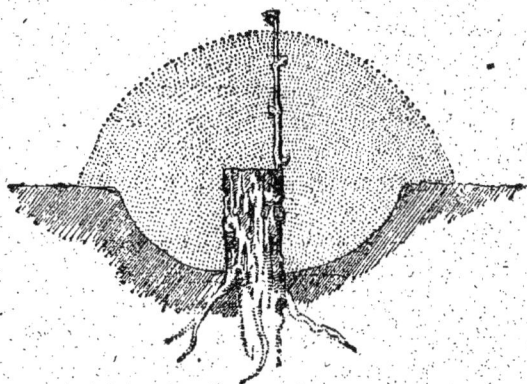

Fig. 16. — Buttage des greffes.

grammes de superphosphate, ou 40 kilogrammes de scories de phosphoration, suivant la nature du sol. Ces engrais phosphatés favorisent le développement des racines et l'aoûtement du bois.

Le tout sera enfoui par un défoncement de 0^m50 de profondeur, exécuté à la main en novembre; en février, un léger labour suivi d'un hersage énergique suffiront pour ameublir parfaitement le sol.

Les greffes sont disposées en lignes espacées de 20 à 25 centimètres, et tous les deux ou quatre rangs on laisse un sentier de 0ᵐ50. Sur la ligne, on met 20 à 30 greffes au mètre courant ; il vaut mieux planter à grand écartement, pour éviter que les plants ne s'étiolent, mais cela dépend de la place dont on dispose, et on obtient de bons résultats avec 25 greffes au mètre. Dans ces conditions, on peut avoir environ 6.000 greffes à l'are.

La plantation se fait souvent à la fiche ou au plantoir. C'est très expéditif, mais les résultats obtenus sont parfois médiocres ; il est bien préférable de creuser à la pioche des tranchées de 0ᵐ30 de profondeur, dans lesquelles on dispose les greffes à la main, de façon que l'œil du greffon soit au niveau du sol et que tous les yeux soient à la même hauteur.

On fait alors tomber de la terre contre le talon des greffes et l'on arrose copieusement, puis la tranchée est comblée en formant au-dessus des greffes une butte ayant 6 à 7 centimètres de hauteur (fig. 17).

Soins d'entretien. — Les greffes, mises en place après avoir été stratifiées, lèvent en huit ou dix jours ; les soins d'entretien consistent en des bassinages, des sarclages et de légers binages pour briser la croûte superficielle. Il faut, en outre, sulfater souvent pour éviter le développement du mildiou, *c'est absolument indispensable.*

Au mois d'août, on procède au *sevrage ;* chaque greffe est déchaussée jusqu'à la soudure, on coupe toutes les racines qui se sont développées sur le greffon et on rebutte de suite. En septembre, on débutte encore, et jusqu'à la soudure, pour faciliter l'aoûtement.

Arrachage et triage. — On arrache soit à l'a.
tomne, soit au printemps, suivant l'époque de plan
tation. Il faut opérer avec beaucoup de précautions
pour ne pas briser les jeunes racines. Les bonnes
greffes sont triées, c'est-à-dire celles qui sont bien

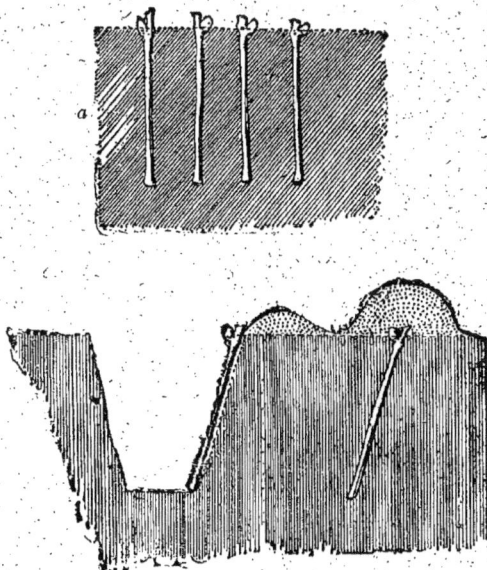

Fig. 17. — Mise en pépinière.
a. disposition des greffes; *b.* greffe en jauge; *c.* greffe buttée.

soudées et enracinées, et l'on rejette les autres, la
plantation ne devant être faite qu'avec des greffes
excellentes. Cependant, les greffes paraissant belles,
mais insuffisamment soudées, peuvent être remises

pépinière pour ne servir que l'année suiante.

Si la plantation ne se fait qu'au printemps, il faut butter les greffes avant l'hiver.

Il est toujours préférable d'arracher les greffes au moment de les planter, plutôt que de les mettre en jauge pendant un certain temps.

La plantation d'automne réussit bien dans les terres légères, mais elle serait mauvaise dans les terres humides fortes, où les gelées de l'hiver amèneraient le déchaussement.

CHAPITRE V

Etablissement du vignoble

Défoncement.

Le défoncement du sol est indispensable pour la reconstitution du vignoble au moyen des cépages américains, car on facilite ainsi l'enracinement, on permet l'écoulement des eaux dans les terrains peu perméables, et l'on conserve de la fraîcheur en été ; l'eau étant répartie sur une plus grande épaisseur, remonte à la surface par capillarité.

Le défoncement doit toujours être exécuté à la fin de l'automne, afin que les gelées de l'hiver exercent leur action bienfaisante pour l'ameublissement du sol.

La profondeur dépend de la nature du sol ; dans les terres fraîches et fertiles, 0^m40 suffisent, tandis que dans les terres légères et sèches, il convient de remuer le sol sur une épaisseur de 0^m60, mais il n'est pas nécessaire de dépasser cette limite, cela deviendrait trop coûteux.

Si la couche arable repose sur un lit de roches calcaires fendillées, il n'y a aucun intérêt à attaquer ce dernier,

On peut, au besoin, reconstituer une vigne aussitôt après l'arrachage de l'ancienne ; mais si, pour une cause quelconque, l'absence de plants par exemple, on ne reconstitue pas tout de suite, il faudra arracher la vieille vigne et faire, pendant quelques années, des cultures préparatoires, pommes de terre et fourrages. Cela vaut beaucoup mieux que de laisser l'ancienne vigne à l'abandon, se couvrir de chiendent et autres plantes nuisibles.

Pratique du défoncement. — L'automne qui précède la plantation, le défoncement est exécuté à bras ou à la charrue.

Le défoncement à bras est coûteux et long, il revient en moyenne de 500 à 800 fr. l'hectare pour une profondeur de 0^{m}40. Le travail est ainsi certainement plus parfait qu'à la charrue, le sol mieux ameubli, mais le prix de revient élevé ne permet d'utiliser ce procédé que pour de petites étendues. On opère à la pioche et à la pelle. Si le sous-sol est de bonne nature, il sera mélangé intimement avec le sol ; les ouvriers ouvrent d'abord une jauge de la profondeur du défoncement, et détachent successivement des petites bandes de terre qu'ils mélangent intimement.

Si le sous-sol est de mauvaise nature, il est remué sur place ; alors les ouvriers attaquent le sol, le retournent et laissent à nu le sous-sol qui est fouillé sur place.

Dans tous les cas, le sol doit être nivelé, en enlevant tous les débris de racines et de souches, les grosses pierres, et enterrant profondément les plantes nuisibles qui peuvent exister à la surface.

Le défoncement à la charrue est de beaucoup plus rapide et plus économique que le travail à bras. Si l'on mélange les deux couches de terre (sol et sous-sol), on emploie des charrues très fortes qui retournent toute la bande de terre; il faut alors employer de six à dix chevaux ou bœufs, suivant les terres, pour une profondeur de o^{m}40. Deux conducteurs et un laboureur sont nécessaires; 20 à 30 ares peuvent être faits par jour, suivant la longueur du rayage; le prix de revient varie de 250 à 400 fr. l'hectare.

Dans les grandes exploitations, on peut remplacer avec avantage les chevaux par un moteur inanimé; la charrue alors est tirée par un treuil; il n'y a pas d'à-coups, le travail est plus régulier.

On emploie aussi des treuils à manège; le treuil, sur lequel s'enroule le câble de la charrue, est actionné par des chevaux; il n'y a pas d'à-coups, le sol n'est pas piétiné-partout, et l'on peut labourer ainsi des terres relativement humides.

Les treuils à manège donnent d'excellents résultats et leur emploi est à recommander.

Lorsque l'on désire laisser le sous-sol en place, il faut opérer avec deux instruments : une charrue qui exécute un labour ordinaire, et dans la raie ouverte passe une fouilleuse qui remue le sous-sol. Par ce procédé, le sol est ameubli à une assez grande profondeur, sans employer une grosse force motrice; si l'on dispose d'un brabant double, dont l'un des corps de charrue est monté en fouilleuse, il suffit d'un seul attelage de deux forts chevaux. C'est là un réel avantage, en ce qui concerne les petites exploitations.

FUMURE.

La fumure est le complément du défoncement, car il faut incorporer au sol les éléments utiles à la vigne. Nous reviendrons sur cette question très importante ; nous voulons indiquer seulement que le défoncement devra enfouir les engrais. On emploie alors de grandes quantités de fumier de ferme ou de mouton, de 120 à 150 mètres cubes par hectare. On obtient aussi de bons résultats avec des engrais à décomposition plus lente (débris de corne, de laines, de cuirs, etc.).

Cette fumure est une grosse dépense, qui fait souvent reculer le vigneron. Souvent la plantation se fait sans fumier, et l'on ne fume que la deuxième ou troisième année. C'est là une pratique à rejeter, la vigne ayant besoin, surtout durant les premières années de végétation, d'une grande quantité de nourriture. Cependant, dans les terrains riches, où la nature du sol est la même sur une grande profondeur, on peut ne pas fumer en défonçant, à condition de mettre un peu d'engrais au pied de chaque cep au moment de la plantation ; la fumure complète se donne alors la troisième année. On obtient ainsi de bons résultats, et c'est le procédé le plus employé dans le vignoble de la Côte-d'Or.

ESPACEMENT DES PLANTATIONS.

Les plantations de nos nouvelles vignes se font toujours en lignes, et il faut avoir soin de laisser une distance de 0m50 entre la première ligne et la limite de la propriété voisine. (*Loi du 20 août 1881, art. 671.*)

La plantation peut se faire en lignes, en carré ou
en quinconce. La plantation en lignes a l'inconvénient de ne permettre le labour que dans un seul
sens, et les ceps peuvent se gêner sur la ligne ; la
disposition en carré est préférable ; mais la meilleure

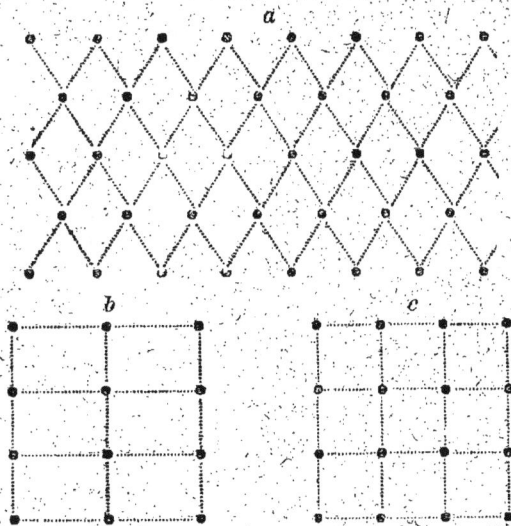

Fig. 18. — Différents modes de plantation.
a. Plantation en quinconces; b. En ligne; c. En carré.

disposition est celle en *quinconces*, qui permet le
labour dans trois sens, et renferme plus de ceps que
la plantation en carré, tout en donnant autant d'es-
pace aux racines; mais elle demande plus de soins,
les ceps devant être alignés et également espacés
dans trois directions différentes (fig. 18).

La distance à observer entre les lignes est très
variable. Dans les pays à grande production, dans le

Midi, on aura avantage à faire la plantation au carré ou en quinconces, en laissant 1ᵐ50 à 2 mètres entre chaque cep.

Dans les régions plus septentrionales, la vigne a moins d'exubérance et il faut rapprocher les distances. En Bourgogne, par exemple, les plantations à 1 mètre au carré ou 1ᵐ08 en quinconces donnent de bons résultats ; avec 1 mètre, le travail peut encore être exécuté à la charrue.

Voici à cet égard un tableau que nous empruntons au beau livre de MM. Durand et Guicherd, *la Culture de la vigne en Côte-d'Or* :

Nombre de ceps à l'hectare	Distance entre les lignes	Espacement sur les lignes	Emplacements correspondant à ceux indiqués aux colonnes B et C	Surface occupée par chaque cep
A	B	C	D	E
				mètres carrés
4444	1ᵐ50	1ᵐ50	1ᵐ12 × 2ᵐ »	2ᵐ25
6945	1 20	1 20	1 10 × 1 30	1 44
8265	1 10	1 10	1 20 × 1 01	1 21
9090	1 10	1 »	1 20 × 0 92	1 10
9524	1 05	1 »	1 20 × 0 875	1 05
			1 25 × 0 80	
10000	1 »	1 »	1 20 × 0 833	1 »
			1 11 × 0 90	
			1 05 × 0 952	
10526	1 »	0 95	1 05 × 0 90	0 95
11111	1 »	0 90	1 125 × 0 80	0 90
11764	1 »	0 85	1·06 × 0 80	0 85
12345	1 »	0 81	0 90 × 0 90	0 81
12500	1 »	0 80	0 90 × 0 88	0 80
13333	1 »	0 75	1 07 × 0 70	0 75
13888	1 »	0 72	0 80 × 0 90	0 72
14285	1 »	0 70	0 80 × 0 875	0 70
15625	1 »	0 64	0 80 × 0 80	0 64
20408	1 »	0 49	0 70 × 0 70	0 49

Lorsque l'on a déterminé la distance de plantation, les lignes sont tracées au cordeau, ou mieux avec un rayonneur facile à imaginer, l'emplacement de chaque cep est marqué par un petit piquet et l'on peut effectuer la plantation.

PLANTATION.

La plantation la plus communément usitée est celle de printemps. Néanmoins, dans les terrains bien sains, pierreux, peu exposés aux gelées, la *plantation d'automne* donne d'excellents résultats ; les jeunes plants s'acclimatent très vite ; de plus, à ce moment de l'année, on dispose de beaucoup de main-d'œuvre, alors qu'au printemps les travaux pressent ; enfin, la pépinière, débarrassée de bonne heure, peut être cultivée avec soin pour l'année suivante.

Dans les terres humides et argileuses, ou marneuses, surtout dans la région du nord, il faut attendre le printemps, car les gelées de l'hiver déchausseraient les jeunes plants. Autant que possible, les greffes seront arrachées au moment de les planter, en ménageant les racines dont on rafraîchit les extrémités brisées. On ouvre à la pioche un trou de 0ᵐ25 de profondeur, on dispose la greffe en étalant les racines, et de façon à ce que la soudure soit légèrement au-dessous du niveau du terrain défoncé ; on met de la terre fine sur les racines, tasse sérieusement, achève de remplir avec de la terre et l'on butte fortement.

De très bons résultats sont obtenus en disposant

au-dessus de la terre tassée sur les racines, une petite quantité de fumier bien décomposé, qui facilite la reprise. Le fumier peut être remplacé par des tourteaux.

Les greffes sont souvent taillées à deux yeux au moment de la plantation; mais dans les sols secs, où les attaques des insectes sont à craindre, et pour les plantations tardives, il vaut mieux ne pas tailler l'année de plantation, car la végétation n'en souffre pas.

La plantation des boutures enracinées se fait dans les mêmes conditions que celle des greffes, et en prenant les mêmes précautions.

SOINS A DONNER AUX JEUNES PLANTATIONS. — Pendant la première année de plantation, il faut maintenir le sol bien meuble par des labours et binages répétés, traiter contre les maladies cryptogamiques, et au mois d'août visiter toutes les greffes pour les *sevrer*, c'est-à-dire détruire les racines poussées sur les greffons; on laisse la soudure à l'air jusqu'à l'automne où il faut butter — surtout dans le Nord.

L'année suivante, les ceps manquants sont remplacés et l'on taille à deux yeux ceux qui existent; on a pu se contenter, la première année, de petits piquets, mais dès la deuxième année, il est indispensable d'avoir des soutiens convenables et d'accoler, bien entendu dans les pays où la vigne a besoin d'être soutenue.

CHAPITRE VI

Culture proprement dite

La culture proprement dite comprend plusieurs catégories de travaux :

1° *Conduite de la vigne*, (taille et opérations complémentaires).
2° *Façons culturales*.
3° *Fumure*.

1° CONDUITE DE LA VIGNE

La vigne laissée en liberté, prend un très grand développement, mais les raisins sont petits, peu nombreux et leur maturité est très irrégulière. Il a donc fallu songer à maintenir la vigne avec des proportions restreintes de façon à assurer une production constante et la maturation des produits ; c'est pourquoi on a recours à la taille.

LA TAILLE

La taille a plusieurs buts :
1° Former le cep en équilibrant exactement toutes ses parties ;

CO
3

2° Assurer la production en réglant la vigueur ;

3° Obtenir des fruits plus gros, plus sucrés et plus hâtifs.

On a remarqué depuis longtemps que les plantes très vigoureuses, donnent beaucoup de bois et de feuilles, mais peu de fruits, tandis qu'au contraire, les plantes chétives se mettent rapidement et abondamment à fruit. Mais on constate aussi que les vignes très faibles mûrissent mal leur fruit et dépérissent rapidement.

Il faut donc tenir un juste milieu, diminuer la vitalité et par suite augmenter la production en

Fig. 19. — Taille.

a. taille rase. — b. taille au-dessus de l'empâtement.

mutilant un peu les pieds, tout en laissant une vigueur suffisante pour assurer la maturation et la conservation des ceps.

A côté de ces grands avantages, la taille a aussi des inconvénients ; elle diminue d'abord la longévité, et ce qui est plus grave pour nous, elle occasionne souvent, par la mauvaise cicatrisation, des plaies, des chancres plus ou moins profonds, qui deviennent le siège d'altérations assez graves.

Nous éviterons en grande partie ces altérations,

en opérant les coupes au point convenable, c'est-à-dire, s'il s'agit par exemple de supprimer complètement un sarment, en taillant sur *l'empâtement*, au lieu de raser le plus près possible du membre conservé (fig. 19). Comme l'empâtement renferme des cellules très actives, celles-ci cicatriseront rapidement la plaie.

De même, lorsqu'on taille un sarment, le vigneron fait presque toujours la section aussi près que possible de l'œil, la moelle mise à nu pourrit vite et l'œil est souvent endommagé ; pour l'éviter, il faut laisser un onglet assez long en faisant la section obliquement du côté opposé à l'œil de taille (fig. 20.)

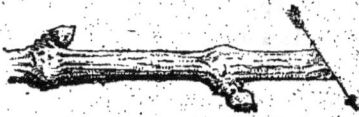

Fig. 20. — Onglet au-dessus de l'œil de taille.

Il serait même préférable de tailler dans le nœud de l'œil supérieur pour éviter toute altération.

Ces prescriptions sont très simples et pourtant peu appliquées, le vigneron voulant faire *beau*. Il est certain qu'au point de vue esthétique, les tailles rases sont plus belles, mais il semble préférable de rechercher surtout l'utilité.

Principes généraux. — Il faut se rappeler que la vigne porte ses fruits *sur les sarments de l'année*, produits par le développement des yeux du *bois de l'année précédente* ; il faut donc produire tous les ans, du bois nouveau, et ménager un ou plusieurs sarments que l'on taille.

On distingue deux sortes de taille :

La *taille courte*, dans laquelle on laisse un fragment de sarment ou *courson*, portant de deux à quatre yeux, et la *taille longue*, dans laquelle le sarment porte au moins quatre à cinq yeux.

Le cépage influe beaucoup sur le genre de taille. L'Aramon, le Carignan, etc., ne portent de fruits que sur les rameaux développés à la base du sarment de l'année précédente, donc, *taille courte ;* au contraire, le Cabernet, la Mondeuse, le Pinot, donnent des fruits sur les bourgeons des extrémités, d'où *taille longue ;* enfin, d'autres cépages donnent indifféremment des fruits sur tous leurs sarments, ce qui permet d'appliquer l'une ou l'autre taille.

Le porte-greffe a aussi une importance très grande et c'est ainsi qu'en Côte-d'or, le Pinot greffé sur Gamay-Couderc 3103, ne donne des fruits qu'à condition de laisser un long bois.

En général, les longs bois donnent plus de fruits que la taille courte, et la première convient surtout lorsqu'il y a beaucoup de vigueur.

Le système de taille dépend donc du cépage, du porte-greffe, de la vigueur et du climat.

Quel que soit le système employé, il faut toujours supprimer un certain nombre de sarments inutiles et choisir ceux à conserver. Pour une bonne production, on gardera les sarments bien aoûtés et de moyenne vigueur ; les sarments très gros ne donnent que du bois et peu de fruits. Il faut en outre *éviter l'allongement excessif*, et l'on prendra, autant que possible, le sarment le plus rapproché du vieux bois, à moins que le provignage ne soit un procédé cultural comme en Champagne et dans les vieilles vignes de Bourgogne. Dans ce cas, il faut avoir un allongement rapide et l'on taille sur le sarment le plus élevé.

Une fois le sarment choisi, on supprime les autres sur l'empâtement et l'on taille à la longueur voulue en faisant toujours la section obliquement et opposée à l'œil de taille.

Dans la taille longue, il est toujours bon de ménager à la base un autre courson qui sera taillé à deux yeux et pourra servir ultérieurement pour le remplacement du long bois.

Malgré toutes les précautions prises, les coursonnes s'allongent et il y a avantage à les rapprocher de la souche. Pour cela, au moment de l'ébourgeonnage, on conservera les gourmands qui se produisent au point voulu sur le vieux bois. On peut chercher à obtenir ce développement en taillant très court le courson à remplacer ; toute la sève n'est pas utilisée et, très souvent, il se développe sur le vieux bois des yeux latents qui, l'année suivante, remplaceront le vieux courson.

Hauteur des souches. — Elle est très variable et l'on peut distinguer :

Les vignes hautes, basses, moyennes.

Les *vignes basses* sont celles dont les rameaux naissent près de terre à 0^m25 ou 0^m30 ; les raisins absorbent une grande quantité de rayons calorifiques, mûrissent vite et sont bien sucrés. Ce serait donc le meilleur mode, mais en hiver et au printemps, le rayonnement nocturne produit un refroidissement très sensible, et peut occasionner les

gelées; aussi les vignes basses ne peuvent être faites
que dans le Midi et les coteaux bien exposés.

Au contraire, dans les régions septentrionales, la
crainte des gelées force à adopter les vignes moyennes, o⁻5o du sol, ou les *vignes hautes*.

Formes de la souche. — Toutes les dispositions
données aux souches conduites régulièrement peuvent se résumer à trois types :

Le *Gobelet*, l'*Espalier* ou le *Cordon*.

Fig. 21. — Taille en gobelet.

Le *Gobelet*, est la forme la plus employée dans le
Midi, et elle se répand dans les autres régions, par
suite de la reconstitution avec les cépages américains. Le gobelet consiste en un pied plus ou moins
haut, qui porte de trois à six ou huit bras, suivant
les régions. Ces bras divergent en formant entre eux
une sorte de vase (fig. 21). Ils sont généralement
taillés très courts, à deux ou trois yeux ; cependant,
si la vigueur le permet, on laisse quelquefois avec
avantage un *long bois* qui sera porté successivement

chaque année par tous les bras. Les sarments qui se
développent sont laissés libres dans le Midi, tandis
qu'ils sont palissés sur échalas dans d'autres régions.

L'*Eventail* n'est autre chose qu'un gobelet ; il
s'obtient de la même façon, mais les bras au lieu de
former un vase, sont tous dans le même plan ; cela
est nécessaire lorsque l'on veut palisser sur fil de
fer.

L'*Espalier*, est surtout employé lorsque les raisins
doivent être exposés directement aux rayons du soleil pour mûrir.

Fig. 22. — taille en espalier.

Le pied plus ou moins élevé, suivant les régions,
porte deux bras symétriques dans le même plan ; ces
bras sont palissés sur échalas ou sur fil de fer, et le
plus souvent, on ménage à la base un courson, ou
côt de retour, qui servira au remplacement du bras.
Ce courson est taillé à deux yeux (fig. 22).

L'espalier a l'inconvénient d'exiger une taille soi-
gnée, pour bien maintenir l'équilibre entre les deux
bras. Ce procédé est à rejeter dans le Midi, où l'in-
solation des raisins pourrait amener le grillage.

Le *Cordon* a tous les avantages de l'espalier, sans
qu'il soit besoin de se préoccuper de l'équilibre,
puisque le cep suit une direction unique, horizon-
tale, oblique ou verticale, la première étant de beaucoup la plus usitée dans le vignoble. Les sarments
sont le plus souvent palissés sur fil de fer ou quelquefois sur deux ou trois échalas.

Le cordon est maintenu à une plus ou moins

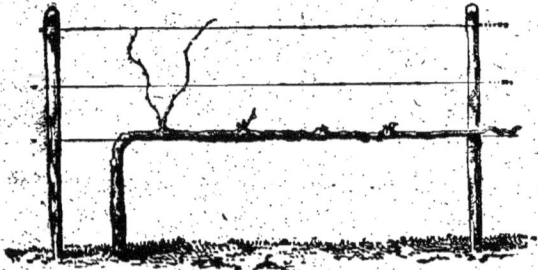

Fig. 23. — Cordon horizontal.

grande hauteur, suivant les situations ; il est d'autant plus élevé que l'on craint davantage les gelées,
et il en existe un très grand nombre de types.

L'un des plus simples est le *Cordon à la Royat*
(fig. 23), qu'on établit à o™ 25 ou o™ 5o du sol, suivant le climat. Sa longueur est aussi variable ; de 1
mètre à 1 mètre 10 dans les vignes de Bourgogne, il
peut atteindre 2 mètres et 2 mètres 5o dans le Midi.
Sa formation est très simple. Les deux premières
années, on taille court pour obtenir deux sarments
très vigoureux, et la deuxième année, le meilleur est
couché horizontalement en le tordant au besoin un

peu pour que les yeux soient bien en dessus. On
peut former le cordon en une seule fois, mais il y a
toujours à craindre, lorsque la vigueur n'est pas
excessive, que certains bourgeons ne se développent
pas et nous conseillons, surtout pour la région septentrionale, de former ce cordon en plusieurs années.

Alors, dès la deuxième année ou seulement la
troisième, on couche horizontalement un sarment
bien vigoureux, bien aoûté, qui est taillé à o" 40 ou

Fig, 24. — 1ʳᵉ année de formation.

o".5o sur un œil en-dessous, pour avoir à la partie supérieure trois yeux distants l'un de l'autre de 15
à 20 centimètres (fig. 24). On pourra laisser quatre
ou cinq yeux, et allonger la taille si le cep est bien
vigoureux. En tous cas, il est bon de réserver à la
base un sarment taillé très court, qui pourra remplacer le cordon s'il vient à périr. Pendant la végétation, on palisse horizontalement le prolongement,
et l'on égalise la vigueur des rameaux supérieurs
par des pincements.

L'année suivante on taille les rameaux à deux

yeux pour former les coursons, puis le prolongement est taillé, toujours sur un œil en dessous, de manière à former encore deux à cinq coursonnes, suivant vigueur (fig. 25).

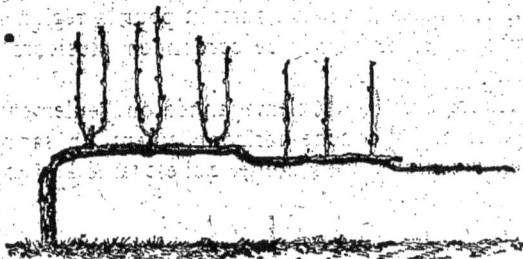

Fig. 25. — 2me année de formation.

On continue ainsi jusqu'à formation complète.

Les coursons sont taillés à deux yeux sur le sarment le plus rapproché du cordon, et le prolongement est traité comme un courson (fig. 26).

On devra toujours chercher à rajeunir et à rapprocher du cordon en tirant parti des yeux latents

Fig. 26. — Formation complète (après la taille).

qui se développent sur le vieux bois, comme nous l'avons indiqué dans les principes généraux ; pour remplacer tout le cordon on ménage une pousse près du sol, et lorsqu'elle est assez forte, on rabat l'ancien cordon qui est remplacé par la jeune pousse.

Ces cordons donnent de bons résultats, au point de vue de la fructification, plus particulièrement dans les vins communs. La taille que nous avons indiquée à deux yeux peut être beaucoup plus longue dans les sols fertiles.

La taille Meyrouze est simplement un cordon, mais chaque coursonne présente deux bras, l'un taillé long (de sept à dix yeux), et palissé obliquement, c'est la branche à fruit, l'autre taillé à deux yeux devant donner le remplacement. On conçoit que dans ces conditions il y ait une production abondante, mais aussi épuisement de la souche puisqu'il y a jusqu'à dix longs bois, et la taille Meyrouze n'est applicable que dans les terres fertiles du Midi et pour certains cépages.

La taille Guyot est excessivement simple. Le cordon n'est pas permanent, il est remplacé tous les ans, et ne constitue qu'une branche à fruit. Dès la deuxième année de plantation, on taille à deux yeux pour avoir deux sarments bien vigoureux, et, à la taille suivante, le sarment le plus élevé est palissé horizontalement et taillé à huit ou dix yeux, il portera les fruits ; le sarment intérieur est taillé à deux yeux francs, qui donneront deux sarments, lesquels seront palissés verticalement, et donneront, l'année suivante, la branche à fruit et les rameaux de remplacement (fig. 27).

L'année suivante, la branche qui a porté des fruits est supprimée sur l'empâtement et remplacée par le long bois.

La taille Guyot a de nombreux détracteurs; on l'accuse d'affaiblir les ceps et de ne donner que des raisins peu sucrés. Il est évident que pour les vins très fins, la grande quantité nuit à la qualité, et la taille Guyot, comme toutes les tailles longues doit être évitée; mais dans les vignes à grande production, avec des cépages vigoureux, et en ne négligeant pas la fumure, nous avons obtenu d'excellents résultats.

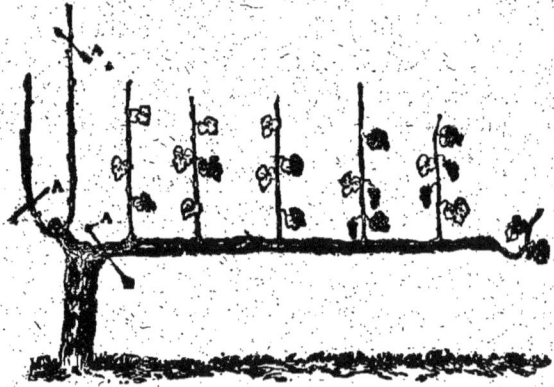

Fig. 27. — Système Guyot (avant la taille).
a. a. a. Sections de taille.

Autres tailles. — Il a été proposé un assez grand nombre de systèmes de taille plus ou moins compliqués, tels que la *taille de Quarante*, la *taille en cercle*, etc. Ce sont toutes des tailles longues, destinées à produire beaucoup et à utiliser toute la vigueur exubérante des nouveaux hybrides. Ces tailles ont donné souvent des résultats contradictoires; elles peuvent, à notre avis, être utilisées et rendre de grands services dans les terres très fertiles, avec des cépages vigoureux, dans la région méridionale. Dans les régions septentrionales, la vigueur et la chaleur sont insuffisantes pour ces tailles spéciales à long bois.

Instruments de taille. — La taille d'hiver s'exécute le plus souvent avec des *sécateurs*, qui sont très bons à condition de bien couper, pour ne pas déchirer le bois, — *La serpette* est encore employée dans quelques endroits ; elle donne une section plus nette et ne déchire pas, mais l'opération est plus longue qu'avec les sécateurs, et ceux-ci sont maintenant à peu près seuls employés.

Epoque de la taille. — La taille peut se faire pendant tout le repos de la végétation, depuis la chute des feuilles jusqu'au débourrement ; il faut pourtant éviter de tailler pendant les grands froids, car les tissus coupés s'altéreraient facilement.

On taille le plus généralement au printemps, et d'autant plus tard que l'on craint davantage les gelées et que les cépages débourrent plus vite.

La taille d'automne rend de grands services ; elle peut être employée avec avantage lorsque l'on ne craint ni les fortes gelées d'hiver, ni les gelées printanières ; mais il convient d'agir avec précaution dans les régions septentrionales, la taille d'automne donnant un débourrement hâtif. En ce qui me concerne, j'ai toujours obtenu, en Côte-d'Or, de bons résultats en taillant en novembre. Cette taille précoce doit être faite lorsque l'on veut traiter les vignes contre la chlorose par le badigeonnage au sulfate de fer.

En tout cas, les vignerons devront toujours exécuter à l'automne *un nettoyage*, c'est-à-dire enlever tous les sarments inutiles et ne laisser que ceux qui serviront pour la taille ; de cette façon, on gagne du temps, et au printemps, époque où le travail presse, on opèrera très vite la taille des sarments conservés.

Utilisation des sarments. — Les sarments coupés sont récoltés, mis en bottes, et servent souvent comme combustible. On peut aussi les couper en petits morceaux, en faire des composts, et les restituer ainsi à la vigne.

OPÉRATIONS COMPLÉMENTAIRES DE LA TAILLE

Lorsque la vigne est entrée en végétation, il faut, pendant toute la belle saison, pratiquer des opérations complémentaires dont le nombre varie suivant les régions. On distingue :

L'ébourgeonnement, qui consiste à enlever les jeunes rameaux ayant pris naissance sur le vieux bois. Toutes ces pousses gourmandes sont stériles, elles ne peuvent qu'affamer la souche et doivent disparaître; on les enlève quinze jours ou trois semaines après le débourrement, alors qu'elles sont encore herbacées et peuvent être cassées avec l'ongle.

L'opération est faite ordinairement par des femmes qui devraient connaître la taille afin de laisser les rameaux qui pourront servir pour rajeunir un courson ou un bras.

L'ébourgeonnement a une importance considérable et il est trop souvent négligé dans le Nord; dans le Midi il est inutile.

Le pincement a pour but de faire refluer la sève

et de faire grossir le sarment au lieu de l'allonger. Il consiste à couper, entre les deux premiers doigts, l'extrémité des pousses vertes. Il doit s'exécuter en juin, *un peu avant la floraison* qu'il aide en empêchant la coulure. On pince à trois ou quatre feuilles au-dessus de la dernière grappe; c'est ce mode d'opérer qui nous a le mieux réussi à Beaune.

Le pincement est surtout une opération des régions septentrionales; nous sommes convaincus qu'il rend de très grands services, étant fait au moment voulu. Il est inutile dans le Midi où les vignes sont très vigoureuses.

Le rognage n'est, en somme, qu'un pincement énergique pratiqué un peu plus tard que le précédent. Il consiste à couper, au moyen d'une serpette, le sarment à o" 15 ou o" 20 au-dessus de l'échalas; on rogne une ou deux fois, pour faire grossir les raisins et hâter leur maturité. Le rognage se fait dans les vignobles du Centre, du Médoc, de la Bourgogne, et nous pensons, d'accord avec notre savant maître, M. Durand, directeur de l'école d'Ecully, et en nous basant sur les expériences faites en différents points du vignoble bourguignon, qu'il serait préférable, dans beaucoup de cas, de *boucler*, c'est-à-dire de recourber les rameaux et de les attacher avec un lien. De cette façon, on conserve les organes verts dont la vigne a besoin pour élaborer le sucre des fruits. Ce bouclage est surtout préférable pour les greffes sur hybrides vigoureux, pendant les quatre ou cinq premières années.

Le rognage ne se pratique pas dans le Midi.

L'Effeuillage consiste à enlever peu avant la ven-

dange une partie des feuilles qui recouvrent le raisin
et hâter ainsi la maturation. L'opération doit s'effectuer avec précaution et parcimonie, car on enlève
ainsi une partie des organes qui élaborent le sucre ;
il ne faut la faire que dans des cas exceptionnels et
dans le nord de la culture de la vigne ; ne jamais
l'opérer dans le midi où la chaleur et la lumière
sont intenses et où l'on pourrait craindre le grillage
des raisins.

Le dégagement des raisins se fait au moment de
a véraison dans les vignes basses très chargées de
fruits. Les raisins touchant le sol se salissent et
pourrissent ; il faut les dégager en faisant un creux
dans le sol, ou, comme cela se pratique quelquefois dans le Midi, en mettant des tuteurs.

Cette opération est à recommander dans tous les
vignobles.

L'accolage ou palissage n'est pas, à proprement
parler, une opération de taille ; il consiste à attacher
les rameaux aux supports (échalas ou fil de fer). On
emploie en général de petits brins de paille de seigle
dont on augmente la solidité par un trempage dans
une solution de sulfate de cuivre à 5 ou 10 p. 100.
Ce palissage se fait, en général, deux fois pendant
la durée de la végétation, mais il ne faut pas palisser trop tôt, car la sève se porte dans les sarments verticaux et les fruits pourraient couler.

APPAREILS DE SOUTIEN

Nous avons déjà indiqué que, dans certains vignobles, les sarments sont libres et abandonnés à
eux-mêmes (Midi) ; mais, dans beaucoup de régions,

les sarments doivent être soutenus, car l'humidité est grande et il faut découvrir le sol pour qu'il puisse s'échauffer.

Le procédé le plus simple pour retenir les sarments en l'air, consiste à enlacer les rameaux de deux souches voisines, comme cela se pratique dans le Beaujolais et quelque peu dans la Drôme, mais les rameaux résistent mal à l'action des vents et se détachent souvent; il est préférable d'employer des appuis solides.

Dans cet ordre d'idées on distingue :

Les arbres morts ou vivants ;

Les treillages en bois ;

Les échalas ;

Les treillages en fils de fer.

Les arbres sont employés comme soutien pour les vignes maintenues très hautes, par crainte des gelées (Haute-Saône, Hautes-Pyrénées). Les souches sont taillées de façon qu'à chaque bras de l'arbre corresponde une ramification de la vigne.

Les arbres morts conviennent bien pour ces vignes en hautains, mais les raisins placés très haut mûrissent mal, et les vins sont très durs.

Quant aux arbres vivants, ils doivent être abandonnés, car ils donnent des résultats défectueux ; leurs racines nuisent à celles de la vigne, et leurs feuilles forment un trop grand ombrage.

Les treillages en bois sont employés dans quelques régions; ils consistent en des piquets plus ou moins longs, dressés verticalement et supportant un treillage horizontal. Ces constructions assez compliquées, toujours coûteuses et peu solides, doivent, autant que possible, être abandonnées; on les remplacera très avantageusement par des treillages en fil de fer supportés par des fers à T.

Les Échalas sont encore les soutiens les plus employés; ils consistent en des morceaux de bois de longueur variable ($1^m 20$ à $1^m 50$), ronds ou fendus et taillés en pointe à leur partie inférieure enfoncée dans le sol. On utilise différents bois, le chêne ou le châtaignier fendu, des rondins d'acacia, de pins, de sapin ou des rondins de bois tendre (saule, peuplier).

L'acacia fendu a l'inconvénient de se tordre. Les échalas en cœur de chêne sont le plus souvent employés sans autre préparation; quant aux autres bois, on augmente leur conservation par le *sulfatage* qui consiste à les tremper pendant une quinzaine de jours dans une solution contenant de 3 à 5 kilogrammes de sulfate de cuivre pour 100 litres d'eau.

Le sulfatage augmente la durée de quatre à cinq ans, et il est indispensable pour les bois blancs. Quant aux bois durs, on obtient de meilleurs résultats en trempant les billes de bois avant de les fendre. Les bois tendres bien trempés durent autant que le cœur de chêne brut, c'est-à-dire huit à douze ans, suivant les terrains. Dans les calcaires secs, les échalas se cassent souvent au niveau du sol.

Il a été proposé de remplacer le sulfatage par le *créosotage*; la durée des échalas est peut-être ainsi augmentée, mais l'odeur peut se communiquer au vin, nous en avons eu plusieurs fois la preuve; il faut avoir la précaution de n'employer ces échalas que dix-huit mois à deux ans après leur créosotage.

Le sulfate de cuivre, qui est d'un emploi commode et peu coûteux, agit efficacement contre le mildiou, il est donc préférable de s'en servir pour assurer la conservation des échalas.

Tous les ans, sauf de rares exceptions, comme à l'Ermitage, où ils restent en terre jusqu'à leur usure, les échalas sont arrachés à l'automne, on les dispose en tas inclinés (bordes) pour passer l'hiver et on les replante au printemps. C'est là une dépense importante et un travail pénible pour les ouvriers.

Fig. 28. — Fiche échalas.

La plantation se fait encore souvent en pesant de tout le poids du corps sur l'échalas, mais on emploie aujourd'hui les *fiche-échalas* dont le plus pratique nous semble être celui de M. Fellans, utilisé avec succès en Bourgogne et en Champagne (fig. 28).

Les échalas sont en général plantés verticalement à raison de un ou deux par cep, suivant la forme. Dans l'Yonne et dans le Médoc, on met un échalas par bras de vigne. C'est là une dépense considérable dans les régions septentrionales où l'on compte par-

fois de 25,000 à 60,000 échalas par hectare. Les
échalas, durant en moyenne dix ans, on peut éva-
luer les frais d'empaisselage d'une vigne, compre-
nant 25,000 ceps, de 80 à 100 fr. par an.

Treillages en fil de fer. — Pour éviter ces lourdes
dépenses, on a songé à remplacer les échalas par des
soutiens moins coûteux, et l'on emploie de plus
en plus les treillages en fil de fer.

Les fils de fer sont maintenus par des piquets en

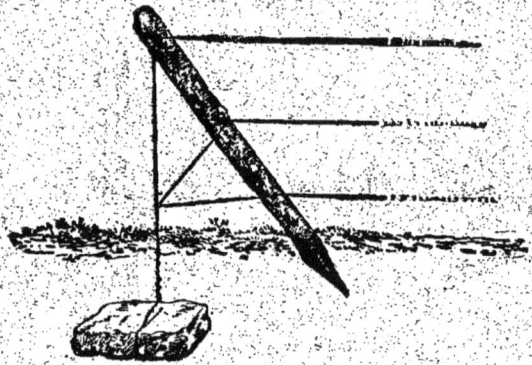

Fig. 29. — Fixation de fils de fer sur piquets en bois.

bois ou en fer. Les piquets de bois sont en chêne, en
châtaignier ou en sapin de six à sept centimètres de
diamètre, goudronnés, injectés de sulfate de cuivre,
ou souvent carbonisés à leur base.

Les piquets de tête sont inclinés en arrière pour
résister à la traction des fils réunis en un faisceau à
une pierre enfoncée de 0m 60 au moins dans le
sol. Les piquets intermédiaires sont placés tous les
cinq ou six mètres et enfoncés de 0m 50. Ces fils de

fer sont fixés contre les piquets par des crampillons
(fig. 29).

Le bois a l'inconvénient de durer peu de temps, et
nous conseillons de préférence de faire l'installation
avec des piquets de fer, qui coûtent plus cher, mais
durent beaucoup plus longtemps.

On emploie des fers à T passés au minium ou
goudronnés ; ils sont scellés dans des blocs qui sont
enterrés. Ces blocs sont très variables ; ce sont, soit

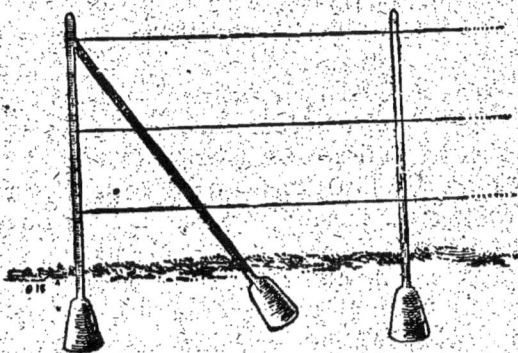

Fig. 30. — Fixation sur poteaux en fer.

des dés en terre vernissée, soit des agglomérés de
bétons, de graviers, de scories. Il faut choisir le système le plus solide, le plus simple et le plus économique, cela dépendant des conditions locales (fig. 30).

Les piquets intermédiaires sont aussi scellés dans
des blocs, mais on peut très bien n'en sceller qu'un
sur trois, en enfonçant les autres simplement à une
plus grande profondeur dans le sol ; on a ainsi une
solidité suffisante, et une économie sensible.

Quant aux fils de fer galvanisés, ils doivent être assez forts, le numéro 15 convient parfaitement. Leur disposition varie avec les pays ; on en met trois ou plus rarement quatre. Dans le midi, où les vignes sont vigoureuses, il y en a quatre ; le premier à 0^m25 du sol, le deuxième à 0^m45 le troisième à 0^m90 et le quatrième à 1^m20. En Bourgogne, les piquets ont 1^m10 hors de terre avec trois fils, à 0^m25, à 0^m50 du sol et le troisième au sommet. Dans le centre et aux environs de Paris, il suffit d'avoir 0^m60 de hauteur de piquet hors du sol, les vignes étant moins vigoureuses.

La longueur des lignes ne doit pas dépasser 100 mètres sans coupures, pour ne pas trop gêner le travail. Le prix de revient est assez élevé.

D'après MM. E. Durand et Guicherd [1], les frais d'établissement d'une vigne sur fils de fer et piquets en fer, s'élèvent à 1,842 francs par hectare, les lignes étant espacées de 1 mètre et longues de 75 mètres.

Les fils de fer présentent d'assez graves inconvévients ; ils empêchent les labours croisés ; le transport de la vendange et des engrais est plus dispendieux ; la taille et l'accolage se font beaucoup plus lentement et par suite coûtent plus cher ; tous les ceps d'une ligne sont solidaires, et peuvent être ébranlés par les vents, enfin la grêle cause plus de dégâts que dans les vignes sur échalas.

Malgré cela, les avantages considérables de solidité et de durée, rendent ce mode de support prat-

---

(1) Culture de la vigne en Côte-d'Or, page 198.

que, *en ce qui concerne surtout les vignes à grande production*, conduites en cordons ou en espaliers.

Opérations culturales

Le travail du sol doit être aussi complet que possible ; les belles expériences de M. Dehérain ont montré que l'ameublissement devait être parfait pour permettre une bonne nitrification et la répartition parfaite des matières fertilisantes. Le vieux pro-

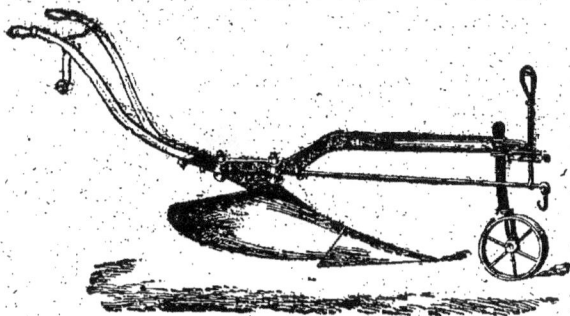

Fig. 31. — Charrue vigneronne.

verbe « *Bonne culture vaut demi fumure* » est bien vrai, et l'on peut constater facilement l'influence des façons culturales sur la végétation et la fructification de la vigne.

Le travail se fait à la main ou avec les instruments attelés, charrues et bineuses plus ou moins compliquées et sur la construction desquelles nous n'insisterons pas. Il faut choisir l'instrument le plus solide, donnant le meilleur travail avec un minimum de traction (fig. 31).

Les charrues vigneronnes peuvent fonctionner dans des lignes espacées de 1 mètre ; elles prennent beaucoup d'extension dans nos nouvelles plantations, car elles permettent d'exécuter le travail très rapidement et en temps utile. Aujourd'hui, on remplace souvent les anciennes charrues par des *houes* plus compliquées, dont les pièces travaillantes peuvent être changées à volonté, suivant le genre de travail à exécuter. Ces houes fonctionnent très bien comme bineuses ; elles font d'une façon satisfaisante le déchaussement, mais pour le buttage avant l'hi-

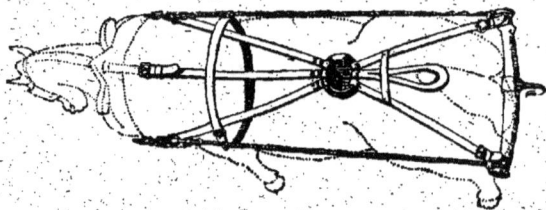

Fig. 32. — Harnais viticole.

ver, le travail laisse souvent à désirer et l'on a avantage à employer les charrues. Dans les lignes peu écartées, comme en Bourgogne, on peut rechausser au moyen d'un *buttoir* qui exécute deux raies à la fois.

Le travail à la charrue n'est pas absolument complet ; il reste toujours sur la ligne une partie de terrain non cultivée, c'est le *cavaillon* qui doit être tiré à la main ; néanmoins, l'usage de la charrue est à recommander dans les grandes exploitations. On travaille avec des bœufs ou plus souvent avec un

seul cheval, et, pour éviter d'accrocher les ceps en
passant, il est bon d'employer un harnais viticole
dont il existe un grand nombre de modèles (fig. 32).

Dans les vignes plantées en *foule* et où le provignage est la règle générale, ainsi que dans les vignes
de petite étendue, le travail du sol se fait à la main,
au moyen de houes dont la forme varie beaucoup

Fig. 33. — Pioche Fig. 34. — Houe Fig. 35. — Houe
de l'Hérault.   triangulaire.   pleine.

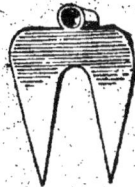

Fig. 36. — Houe à dents plates. Fig. 37. — Houe à dents aigues.

suivant les pays. Ce sont toujours des sortes de
lames de fer ou d'acier plus ou moins larges, ou
divisées en doigts pour les terres pierreuses. Ces la-
mes ont de 0^m20 à 0^m25 de largeur, et 0^m25 à 0^m30
de longueur; elles sont placées à l'extrémité d'un
manche en bois, plus ou moins long, perpendiculaire

à la lame ou formant avec elles un angle plus ou moins aigu.

L'ouvrier marche sur la terre travaillée, et l'étendue cultivée dans une journée varie avec le genre de travail à exécuter et la nature des terres (fig. 33 à 37).

Pour les binages d'été, dans les terres légères, on emploie souvent des *râclettes*, sortes de houes plei-

Fig. 38. — Charrue vigneronne (déchaussement).

Fig. 39. — Houe montée pour déchausser.

nes, ayant de 0ᵐ30 à 0ᵐ35 de largeur travaillante et seulement 0ᵐ12 à 0ᵐ15 de hauteur; on peut aller ainsi beaucoup plus vite et peu profond.

Ces râclettes donnent de très bons résultats dans les terres fines, meubles et peu caillouteuses.

Voici maintenant l'ordre dans lequel s'exécutent
les travaux de culture :

Lorsque les grands froids sont passés, en février
ou mars, suivant les régions, le déchaussement ou
débuttage (fig. 38 et 39) est opéré ; la terre qui était
accumulée au pied des ceps, pour les garantir du

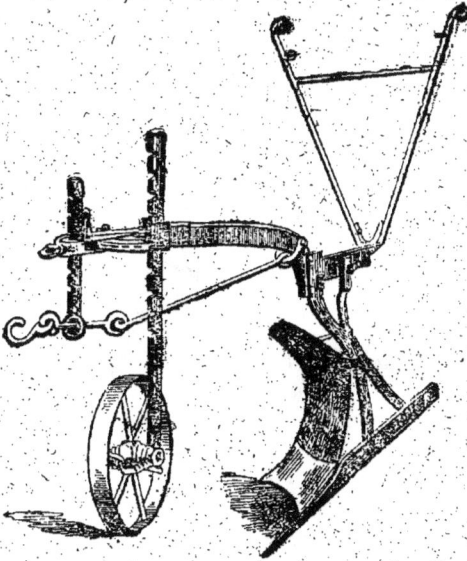

Fig. 40. — Charrue vigneronne à pointe mobile.

froid, est retirée avec les outils à main ou à la charrue. Lorsqu'on emploie cette dernière, il faut passer
le plus près possible des ceps, en ne faisant qu'une
seule raie, puis le cavaillon est enlevé à la main.

Ce déchaussement ne se fait pas dans le Midi, où

il n'est pas nécessaire de rechausser les ceps avant l'hiver.

Au mois de mars, se pratique le *premier labour ou labour d'aération*, qui doit être fait avec beaucoup de soin, car il donne accès à l'air et assure la bonne pénétration de l'eau. Tout le terrain doit être travaillé à une profondeur variant de huit à douze centimètres suivant les pays, et l'on s'arrange de façon à amasser la terre vers le milieu de l'interligne, pour exposer à l'action de l'air le plus grand volume possible (fig. 40). Très souvent, ce premier labour

Fig. 41. — Houe.

se fait en même temps que le débuttage. Il ne faut pas opérer trop tard, surtout dans les bas-fonds, car la terre fraîchement remuée favorise la formation des gelées blanches ; il ne faut pas non plus exécuter le labour trop tôt, le sol aurait le temps de se couvrir d'herbes, et les herbes prédisposent à la gelée.

Binage. — Les *labours suivants* pourraient

666

s'appeler labours de binage; ils ont pour but de maintenir le sol en bon état de propreté et d'ameublissement. Ils s'exécutent à la main ou au moyen des houes à cheval; ils doivent être peu profonds (fig. 41 et 42).

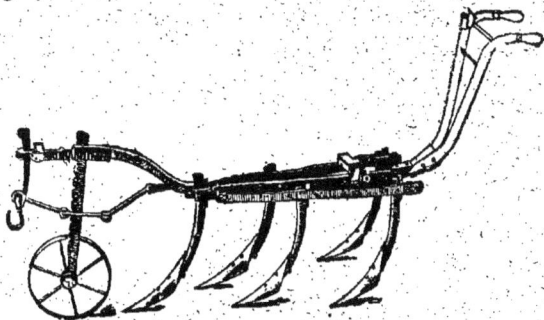

Fig. 42. — Bin\euse simple.

Le premier de ces labours (deuxième façon) se fait un peu avant l'apparition des fleurs; il doit remettre le sol à plat et détruit les bosses formées au premier labour; il faut agir par un temps chaud et dans une terre sèche, surtout dans les régions septentrionales, où les gelées printanières sont à craindre.

Les labours suivants se font à des intervalles plus ou moins éloignés; ils doivent être superficiels et donnés de façon à tenir toujours le sol très propre. Dans le travail à la main, on ne donne que trois façons dans l'année, quatre au plus; avec la charrue, on passe jusqu'à cinq, six ou même huit fois, pour maintenir le sol très propre et en bon état de culture.

Enfin, après la vendange, il est bon de donner un dernier labour qui enterre les feuilles tombées et gêne ainsi la propagation des maladies. Par ce labour, on butte les ceps pour les protéger des gelées.

Ce labour d'hiver est indispensable dans les jeunes plantations de vignes greffées, où il faut protéger la soudure contre les froids.

Fig. 43. — Houe montée pour le buttage.

Dans les autres vignes, il donne aussi d'excellents résultats, il ne faut pas le négliger dans les régions septentrionales (fig. 43), tandis qu'il est moins utile dans le Midi.

Fumure

Comme toutes les plantes, la vigne doit trouver dans le sol les éléments nécessaires à sa végétation; l'emploi judicieux des engrais augmente sa production.

Certaines personnes ont prétendu que les engrais étaient nuisibles à la qualité du vin. Cette opinion s'est beaucoup modifiée, surtout depuis la reconstitution par les plants américains qui sont plus exigeants.

Les éléments indispensables aux végétaux sont *l'azote* qui sert à la constitution des organes et pousse à la production du bois.

L'acide phosphorique et la *potasse* qui favorisent la production des fruits. La potasse semble surtout favoriser la production du sucre dans les raisins.

L'ensemble de ces trois matières constitue l'engrais complet. Dans les terrains non calcaires, l'apport de chaux ou de plâtre produit de bons effets.

Il faut savoir quelle quantité d'engrais il convient d'apporter ; cela dépend évidemment de la richesse du sol et de la quantité d'éléments enlevés par les récoltes.

Voici un tableau qui indique ces quantités :

Quantité d'éléments exportés par les récoltes.

NOMS DES DOMAINES	RÉCOLTE à l'hectre	EXPORTATION		
		Azote	Acide phospho-rique	Potasse
	Hectolitres	Kilog.	Kileg.	Kilog.
MIDI Guillermain	112 0	74 03	17 11	58 06
Caudillargues	102 5	63 572	11 69	42 07
Labrousse	112 8	51 67	11 71	41 22
Verchaut	94 27	37 50	9 99	30 45
Bellevue	75	43 85	10 26	50 75
Trouchaud-Verdier	190 2	57 01	17 86	56 65
Jarras	132 5	55 89	17 03	71 77
BOURGOGNE Chambertin, Beaune	23	25	7	27
Montrachet	18	20	6 5	22
Villié-Morgon (Beaujolais)	50	99	11 5	47
Vigne d'Alsace	33	16 5	4 90	7 29

D'autre part, les analyses de M. Müntz montrent que le vin est le produit de la vigne qui exporte le moins d'éléments et que les feuilles en exportent le plus; mais comme elles retournent naturellement au sol, il n'y a pas lieu de s'en préoccuper.

Il est évident que, d'après les chiffres du tableau précédent, la production du vin dans les régions méridionales exige trois ou quatre fois plus d'engrais que dans le Nord.

Au point de vue de la richesse, on admet qu'un sol est assez riche lorsqu'il contient :

1 gramme à 1 1/2 d'azote pour 1 kilog. de terre,

1 gramme d'acide phosphorique   —

1 1/2 à 2 de potasse.   —

Il serait donc indispensable de faire analyser chaque terre; mais l'analyse est toujours coûteuse et il est souvent difficile de bien interpréter ses résultats. Il nous paraît plus pratique de faire des essais sur la vigne elle-même. Déjà beaucoup d'associations communales ou départementales ont établi des champs d'essais qui donnent d'excellents renseignements, mais ces champs sont trop peu nombreux; la nature des terres change beaucoup et ce qui réussit à un endroit peut ne donner aucun résultat avantageux 2 ou 300 mètres plus loin.

Le vigneron établira lui-même des expériences dans ses différents sols; ce n'est pas coûteux et demande peu de temps, la plupart des engrais se mettant à l'automne, moment où les travaux pressent moins. La disposition de ces champs d'essais est très simple. Les essais seront faits, par exemple, sur quelques lignes dans toute la longueur de la pièce, de façon à avoir pour chaque carré une surface d'un are environ. On pourra disposer ainsi l'expérience :

Témoin	Azote	Acide phosph.	Potasse	Azote Acide phosp. Potasse	Azote Acide phosph.	Acide phosph. Potasse

Il faudra examiner la végétation, peser les raisins, et en faisant l'expérience deux ou trois années de suite, on aura ainsi les renseignements nécessaires sur l'influence des divers engrais. Bien entendu, la disposition des expériences peut varier à l'infini et nous ne donnons le tableau précédent qu'à titre d'exemple.

Les éléments de fertilité peuvent provenir de différentes sources.

En premier lieu, nous trouvons le *fumier* qui est l'engrais par excellence; il apporte les trois éléments, et, en outre, de l'humus qui a la propriété d'assainir les terres humides et de maintenir la fraîcheur des terres sèches. Il convient donc parfaitement, mais il coûte très cher et souvent ne donne pas toute la proportion utile d'éléments; ainsi, dans les terres très pauvres en acide phosphorique ou en potasse, il faudra apporter ces matières par les engrais commerciaux que j'appellerai volontiers *engrais complémentaires*, le fumier devant toujours former la base de la fumure.

Le fumier de ferme est mis à la dose de 30 à 40,000 kilog. par hectare pour une période de trois ans.

On peut employer aussi comme engrais à décom-

position lente, les débris animaux de toutes sortes, débris de corne, déchets de laine ou de cuir, etc., qui apportent une assez forte proportion d'azote; de même les marcs frais et les débris de sarments.

Ces matières, comme le fumier, seront mises à l'automne et enterrées immédiatement par un labour; on peut les étendre uniformément sur toute la surface ou encore, les disposer dans une rigole au milieu des rangs, c'est ce dernier mode qui est le plus employé.

Les engrais complémentaires sont assez nombreux.

Pour fournir *l'azote* nous avons:

1° *Le nitrate de soude*, qui met de l'azote directement assimilable à la portée des plantes; comme il est très soluble et entraîné par les eaux, *il faut l'employer exclusivement au printemps*. Il convient dans toutes les terres et ne doit être employé qu'à petites doses; 100 à 300 kilog. enterrés par un léger hersage ou un labour facilitent le départ de la végétation. Il est toujours utile d'enterrer le nitrate pour empêcher la formation d'une croûte dure et difficile à briser.

2° *Le sulfate d'ammoniaque* est aussi un engrais actif, qui convient plus particulièrement aux sols argileux frais; dans les sols calcaires, il nitrifie très vite, donne du carbonate d'ammoniaque qui n'est pas retenu et se perd dans l'air.

Dose: 200 à 300 kilog. AU PRINTEMPS. Dans les terres argileuses on peut en répandre 1/3 à l'automne et le reste au printemps.

3° *Les Tourteaux* apportent de l'azote organique qui devient rapidement assimilable dans les sols cal-

caires ; ce sont de bons engrais que l'on peut employer avec avantage. Dose : 800 à 1.200 kilog.

4° *Les débris de laine, de corne, chiffons,* etc.,
contiennent de l'azote organique en proportion variable. Ce sont des engrais à décomposition lente et
dont l'effet se fait sentir pendant plusieurs années.
Les enfouir à l'automne par un labour à une dose variant de 800 à 1.500 kilog. à l'hectare suivant leur
richesse.

5° *Le sang desséché* est un engrais très actif dans
lequel l'azote est facilement assimilable; il convient
dans toutes les terres où on le met à la dose de 300
à 500 kilog. par hectare.

L'acide phosphorique peut être donné à l'aide des
engrais suivants :

1° *Les phosphates naturels* ou *phosphates minéraux.*

2° *Les scories de déphosphoration.*

3° *Les superphosphates.*

4° *Les phosphates précipités.*

Les deux premières substances conviennent bien
dans les sols non calcaires où les eaux sont acides
et rendent le phosphate assimable. Le prix de ces
phosphates naturels et scories est peu élevé ; les résultats sont excellents dans les sols argileux, humi-
fères non calcaires. On doit les employer en *poudre
très fine.*

Les scories de déphosphoration sont un peu plus
assimilables que les phosphates naturels et elles apportent de *la chaux* très utile dans les terres argileuses.

Pour des vignes en terrains calcaires secs, les ex
périences qui ont été faites à l'Ecole de viticulture
de Beaune, d'abord en 1894, par M. Durand, et que
nous avons reprises en 1898, nous démontrent que
les scories sont sans action alors que les superphosphates donnent d'excellents résultats.

La parcelle avec scories a donné 728 kilog. de raisin,
La parcelle avec superphosphates 935   —

Au contraire, M. Grandeau a obtenu d'excellents
résultats avec les scories sur le domaine du *Clos
Vougeot*, appartenant à M. L. Bocquet.

En résumé, il nous semble que, vu le bas prix
des scories, il y a avantage à les essayer partout sur
de petites surfaces et plus particulièrement en sol
peu calcaire et frais.

Les phosphates précipités sont plus assimilables ;
ils conviennent dans tous les sols ; on les répand à
l'automne et on enfouit par un labour.

Les superphosphates renferment de l'acide phosphorique soluble, et ils conviennent admirablement
aux terres *calcaires*.

La *potasse* est fournie au sol par *le chlorure de
potassium* et le *sulfate de potasse* plus ou moins
purs.

Le sulfate de potasse donne de bons résultats dans
les sols calcaires où il se décompose en carbonate de
potasse et en sulfate de chaux utile à la végétation.

Le chlorure de potassium donne d'excellents résultats dans les sols siliceux ou argileux, mais, en
sols calcaires, il se décompose en carbonate de potasse et en chlorure de calcium, corps caustique, et
les résultats sont souvent mauvais ; aussi dans ces

sortes de terre il faut préférer le sulfate de potasse, bien qu'il coûte plus cher.

A côté de ces éléments essentiels, on trouve *le sulfate de chaux ou plâtre,* qui produit d'excellents effets sur les vignes, en provoquant la nitrification des matières organiques ; il favorise aussi beaucoup la fructification, comme l'ont démontré les expériences de MM. Battanchon et Condeminal en Beaujolais, et M. Oberlin, antérieurement, en Alsace.

Les composts formés par un mélange de terres et de débris organiques divers donnent de bons résultats ; on facilite la décomposition de ces matières en formant des tombes composées de couches successives de débris et de chaux qui sont remuées deux ou trois fois dans l'année avant l'épandage sur la vigne. Le vigneron aurait avantage à multiplier ces composts, à mieux utiliser beaucoup de substances qui sont perdues pour tous (sarments, terres de routes, balayures, etc).

Les *terrages* sont faits avec la terre descendue des coteaux ; ils donnent de bons résultats, ne poussant pas trop à la végétation. On les utilise dans les coteaux à vins fins et ils sont à recommander (1).

Nous empruntons à M. Rougier, professeur départemental d'agriculture de la Loire, sa classification très simple et très claire, divisant les vignes au point de vue de la vigueur en trois catégories :

---

(1) Pour plus de détails sur tout ce qui concerne *les engrais* et leur composition, nos lecteurs voudront bien se reporter au tome I de la *Bibliothèque Agricole : le sol et les engrais,* par J. Raynaud.

1° Les *vignes folles*, trop vigoureuses et ayant une tendance à ne produire que du bois. Ce sont celles établies sur des terrains riches ou fumés depuis longtemps par du fumier.

Il faut supprimer la fumure azotée et donner seulement des engrais phosphatés ou potassiques.

2° Les *vignes faibles*, peu vigoureuses ; elles demandent un engrais complet riche en azote (fumier riche, phosphates et sels de potasse).

3° Les *vignes normales*, dans lesquelles il faut fournir un engrais complet pour que la production et la vigueur se maintiennent.

Nous donnons ci-dessous quelques formules pour la fumure des vignes; elles n'ont rien d'absolu et ne peuvent guère servir que d'exemple. Nous mettons à part le fumier et les engrais organiques azotés à décomposition lente qui sont mis à une dose variant de 20 à 40.000 kilog. pour une durée de trois à quatre ans.

FORMULE N° I

Vignes folles (pas ou très peu de fumier)

A. *Terrains calcaires*

Superphosphate 14/16 acide phosphorique.   200 kil.
Sulfate de potasse 40 o/o de potasse......   150 —

B. *Terrains non calcaires*

Scories de déphosphoration ou phosphates minéraux................................   400 kil.
Chlorure de potassium....................   150 —

FORMULE N° 2

Vignes faibles (forte fumure au fumier
, tous les trois ans).

A. *Terrains calcaires*

Nitrate de soude 15 o/o d'azote (répandu
   en deux fois au printemps............   300 kil.
Superphosphate minéral 14/16............   300 —
Sulfate de potasse.......................   250 —

B. *Terrains argileux non calcaires*

Sulfate d'ammoniaque 20/21 o/o d'a-
   zote...............................   250 à 300 kil.
Scories de déphosphoration ou phos-
   phates naturels....................   500 à 600 —
Chlorure de potassium..............   200 à 250 —

FORMULE N° 3

Vignes normales (fumure ordinaire au fumier
tous les trois ans).

A. *Terrains calcaires*

Nitrate de soude ....   50 à 100 kil.
Superphosphate..................   150 à 200 —
Sulfate de potasse ....   100 à 150 —

B. *Terrains non calcaires*

Nitrate de soude ou sulfate d'ammoniaque...........................   50 à 100 kil.
Scories ou phosphates naturels.....   200 à 400 —
Chlorure de potassium ou sulfate de
   potasse..........................   100 à 150 —

Dans toutes ces formules on peut ajouter, après essais :

Sulfate de chaux .... 400 à 800 kil.

Les engrais pulvérulents doivent être enterrés à la herse ou mieux par un léger labour, ils agissent ainsi beaucoup plus efficacement ; c'est la fumure combinée au fumier et aux engrais commerciaux qui donne les meilleurs résultats économiques.

Nous terminerons ce chapitre en donnant, sous toutes réserves, la méthode préconisée par M. Galen et qui consiste à badigeonner les sections de taille avec un liquide nutritif. M. Galen préconise le suivant.

Azote............	155 grammes	⎫
Acide phosphorique.	68 —	⎬ par litre
Potasse............	57 —	⎭

1 litre suffit pour 280 ceps.

Ce procédé est trop nouveau pour avoir donné des résultats appréciables ; il est *possible* que le badigeonnage fait à *l'automne* mette à la disposition des bourgeons une réserve de nourriture assimilable qui servira la première sans pouvoir remplacer la fumure ordinaire du sol.

CHAPITRE VII

Vendange

La vendange est l'opération qui consiste à récolter le raisin pour le transformer en vin. Elle se fait lorsque le raisin a atteint sa maturité, qu'il est mou, juteux et se détache facilement de la queue. Quelquefois on le laisse plus longtemps, il se figue légèrement, perd de son eau et donne ainsi un vin plus riche en alcool. Dans le midi, il est souvent utile de vendanger de bonne heure pour que le raisin ait encore une acidité suffisante pour assurer la conservation du vin. Dans les régions septentrionales où l'acidité est toujours assez forte, il faut au contraire vendanger aussi tard que possible (1).

La vendange comporte 3 opérations principales :

La cueillette du raisin ; la sortie de la vigne et le transport à la cuve.

---

(1) Les questions relatives aux vins, à leur conservation, à leurs maladies, seront traitées avec développement dans un tome postérieur.

La cueillette se fait au moyen de serpettes ou mieux de petits sécateurs; il faut des instruments bien tranchants pour ne pas ébranler la souche et ne pas faire tomber de raisins. Ceux-ci une fois cueillis, sont placés dans de petits vases en bois, en osier ou en tôle de forme très variable que chaque vendangeur porte avec lui.

Les paniers en osiers peuvent être employés lorsque les raisins sont durs et peu juteux (nord de la culture); ces paniers ont l'avantage d'être peu lourds et faciles à confectionner pendant les veillées de l'hiver.

Lorsque les raisins sont très juteux, à peau mince, il faut des récipients étanches.

Le raisin ainsi recueilli est déversé soit, le plus souvent, dans des hottes en bois ou en osier, portées à dos d'homme, soit dans de grands paniers munis de deux anses, ou dans des caisses que des hommes font circuler dans les rangs de vendangeurs.

A la sortie de la vigne, les paniers sont souvent entassés sur les voitures et ainsi transportés à la cuve; ou bien le raisin est déversé dans des tonneaux ou des cuviers défoncés, disposés sur des voitures. Lorsqu'on a une grande quantité de vendange, comme dans le midi, on a avantage à placer sur les voitures des récipients de forme parallélipipédique, en bois étanche ou en toiles imperméables. Ces dernières sont plus légères et préférables.

Enfin, lorsque la disposition du terrain le permet, on utilisera avec avantage des porteurs Decauville, sur les rails desquels circulent de petits wagonnets tendus de toiles imperméables; le transport est ainsi très rapide et les wagonnets peuvent être déversés directement dans les cuves.

Lorsque les raisins sont destinés à la fabrication des vins rouges, on peut les tasser dans les appareils de transport sans aucun inconvénient ; au contraire, pour les vins blancs, il faudra prendre beaucoup de précautions et ne pas écraser de grains, ce qui donnerait de la couleur au vin : il faut absolument l'éviter.

DEUXIÈME PARTIE

CHAPITRE VIII

Ennemis de la vigne

Les ennemis de la vigne sont malheureusement trop nombreux; nous pourrons les classer en trois catégories:

A. *Insectes nuisibles;* B. *maladies non parasitaires;* C. *maladies parasitaires.*

A. *Insectes nuisibles*

Phylloxera. Cochylis. Pyrale.	} Causent de très grands dégâts.
Attelabe, Urbec ou Cigareur. Eumolpe, Ecrivain ou Gribouri. Altise.	} Très dangereux; détériorent les feuilles et gênent considérablement la végétation.

Hannetons, nuisibles surtout par leur larve (ver blanc) qui ronge les racines.

Noctuelle des moissons, nuisible surtout par sa larve (ver gris) qui ronge les racines.

Cétoines.
Cigales.
Buprestes.
Sphinx.
Porte-selle.
Guêpes.
Cochenilles.
Escargots.
Erinose.

} Moins nuisibles.

B. *Maladies non parasitaires*

1° Maladies physiologiques, dues à la mauvaise adaptation ou au cépage:

Chlorose, coulure, maladie pectique.

2° Accidents résultant des intempéries:

Coups de soleil, folletage ou apoplexie, rougeot, échaudage, coulure et millerandage, pourriture, gelées, grêle.

C. *Parasites végétaux*

Oïdium.
Mildiou.
Black-Rot.
Anthracnose.
Pourridié.

} Très dangereux.

Puis des parasites moins dangereux:

Rot blanc et Rot amer; Roncet; Mélanose; Fu-

magine; Brunissure; Coup de pouce; Pourriture
des grappes et Gommose bacillaire.

A. — Insectes nuisibles

PHYLLOXERA. — C'est l'ennemi le plus terrible de
la vigne. Il fit son apparition dans le Midi de la
France dès 1863, et depuis, il n'a fait que gagner du
terrain vers le Nord. Actuellement, tout le vignoble
est plus ou moins atteint. Dans la majeure partie
des départements, il a fallu arracher les anciennes
vignes et reconstituer avec des plants résistants ;
dans quelques endroits, on se défend pied à pied,
luttant avec énergie contre le fléau, mais il faudra
succomber.

Le phylloxera est un petit insecte susceptible de
métamorphoses que nous ne décrirons pas. Il attaque les feuilles et les racines. Sur les feuilles, il produit de petites galles assez nombreuses sur les vignes
américaines, mais beaucoup plus rares sur nos vignes françaises.

C'est surtout sur les racines que l'insecte fait de
grands dégâts. On distingue, dans le vignoble atteint, une *dépression* dans la végétation. Au centre
de cette dépression, les souches sont mortes, les
suivantes très faibles, et les autres de moins en
moins malades au fur et à mesure que l'on s'éloi-
gne. En arrachant un cep déjà affaibli, mais encore
bien vivant, on remarque qu'un grand nombre des
jeunes racines sont *renflées* et *déformées (nodosités)*
et les racines plus grosses présentent des *verrues
(tubérosités)*, d'autant plus petites que les racines sont

plus âgées; les racines anciennes sont devenues noires, spongieuses et souvent couvertes de champignons désorganisateurs.

Les *nodosités* sont *l'indice certain* de la présence de l'insecte que l'on distingue facilement au moyen d'une loupe dans l'angle de coudure des jeunes racines.

Le mal se transmet très vite, le phylloxera étant admirablement armé pour la lutte de l'existence. Il se produit chaque année de nombreuses générations, les unes ailées, qui propagent le mal, les autres sans ailes, qui rongent les racines et s'étendent circulairement en formant *tache d'huile*. Il est en outre déposé sous les écorces des *œufs* destinés à passer l'hiver et à donner au printemps une nouvelle colonie d'insectes.

Moyens de lutter. — Le nombre des moyens proposés pour combattre le phylloxera est incalculable. Très peu sont applicables, ce sont:

1° L'emploi du sulfure de carbone;
2° — des sulfo-carbonates alcalins;
3° Le badigeonnage Balbiani contre l'œuf d'hiver;
4° La submersion;

tous procédés qui tendent à détruire l'insecte et à conserver les vignes, puis:

5° Plantation dans les sables;
6° Emploi de plants américains;

ces deux derniers consistent à placer la vigne dans des conditions telles qu'elle ne craigne plus les attaques de l'insecte.

Le *sulfure de carbone*, est l'insecticide le plus répandu ; il donne de bons résultats dans les sols
riches, profonds, meubles et frais, où il se répartit
régulièrement partout. En terres argileuses, fortes,
ou en terres très cailllouteuses, légères, peu profondes, il ne donne pas de résultats satisfaisants. Le
sulfure de carbone est employé pur, et on l'applique
au moyen de pals ou de charrues sulfureuses, qui
permettent de régler exactement la quantité à répandre.

Le meilleur traitement se fait à l'automne, en octobre ou novembre ; on fait quelquefois aussi un
traitement au printemps, en février ou mars, lorsque les terres sont bien ressuyées, mais, en général,
un seul traitement à l'automne suffit ; on emploie
200 kilog. de sulfure à l'hectare en faisant de deux à
six trous par mètre carré et en évitant d'approcher à
moins de 0″20 des ceps. Les trous sont bouchés de
suite après l'injection (fig. 44).

L'écartement des trous dépend du sol ; plus il est
poreux, plus les trous sont écartés.

Le sulfure de carbone détruit toujours quelques
racines, et son application doit être accompagnée
d'une fumure.

La dépense est d'environ 140 fr. par hectare, non
compris la fumure.

Le *sulfocarbonate de potassium* donne d'excellents résultats, mais le traitement est coûteux et nécessite une grande quantité d'eau. On creuse au pied
de chaque cep, de petites fosses, et on y verse par
mètre carré 10 à 15 litres d'eau contenant 40 à 50
grammes de sulfocarbonate soit 500 kilog. de sul-

Fig. 44. — Pal « Select » de Vermorel.

A. Colonne centrale.
B. Cuvette en cuir embouti maintenue par une vis à l'extrémité inférieure de la tige du piston.
C. Chambre de dosage ou corps de pompe dans lequel se meut le piston.
D. Trous faisant communiquer la chambre de dosage avec le réservoir.
E. Écrous pour régler la tension du ressort de l'obturateur.
G. Bouton de l'obturateur.
H. Joint de la pointe en acier et du tube.
I. Pointe ou cône en acier se vissant à l'extrémité du tube.
J. Petite rondelle en cuir encastrée dans le bouton de l'obturateur.
K. Trou servant à engager le poinçon pour dévisser la pointe du pal.
L. Rainures du piston faisant joint hydraulique.
M. Ressort relevant la tige du piston après chaque injection.
N. Bouton de poussée, fixé par une goupille qu'on arrache pour introduire sur la tige les bagues de dosage.
O. Orifice de projection du liquide.
P. Pédale servant à enfoncer le pal.
R. Réservoir contenant le sulfure de carbone.
S. Manettes ou poignées du pal se dévissant pour démonter la tige du piston.
T. Tubes en fer s'enfonçant dans le sol.
YY' Tige du piston.
Z. Bague de dosage en cuivre.

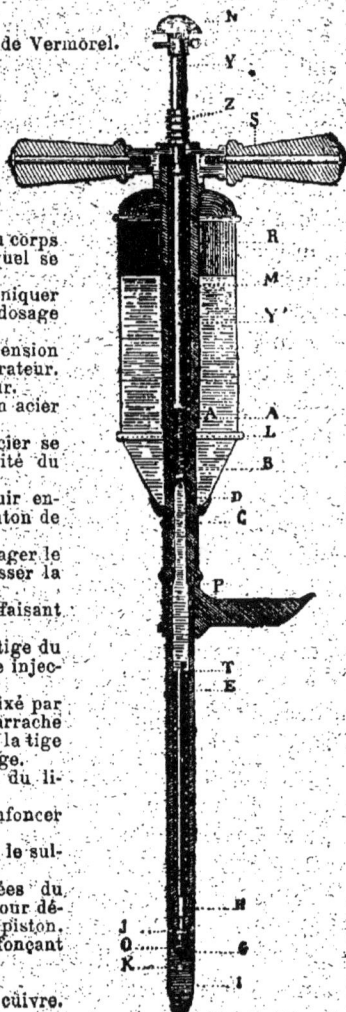

focarbonate et 150 mètres cubes d'eau. Il faut une
machine spéciale pour amener l'eau et le traitement
revient de 350 à 400 fr. l'hectare ; il ne peut donc
être utilisé que pour des étendues donnant un reve-
nu élevé ; le traitement se fait en hiver.

Badigeonnage des souches. — Il a pour but d'empêcher l'insecte de descendre sur les racines ; on badigeonne la souche avec le mélange suivant :

Huile lourde.............. 5^k
Naphtaline................ 7 500
Chaux vive............... 25
Eau...................... 100 litres.

On opère en février ou mars, avant le départ de
la végétation ; malheureusement, le badigeonnage
est presque toujours fait trop tard, lorsque l'ennemi
est dans la place.

Tous ces traitements peuvent être utilisés pendant un certain temps, durant la période transitoire
qui permet de se procurer les plants américains nécessaires pour la reconstitution ; là seulement est la
solution pratique.

La submersion. — Ne peut s'employer que dans
des cas particuliers, lorsque le terrain est plat ou
avec une faible pente. Il est divisé en compartiments
au moyen de digues ayant au moins 0^{m}80 de hauteur ; l'eau arrive ensuite de façon à en avoir pendant 30 à 60 jours une hauteur minima de 0^{m}30. La
submersion se fait à l'automne ou en hiver.

La quantité d'eau nécessaire varie suivant les sols
de 10 à 30,000 mètres cubes par hectare ; l'eau arrive soit naturellement par dérivation, soit par des

machines élévatoires, ce qui augmente le prix de revient.

Les sols légers demandent trop d'eau, et les sols compacts sont trop longs à se ressuyer pour que la submersion y soit pratique.

Les sols submergés doivent être fumés copieusement tous les ans, et les labours faits fréquemment.

La dépense varie de 140 à 200 fr. par hectare et les résultats sont très bons, lorsqu'on peut réaliser les conditions spéciales nécessaires.

Les *sables fins, légers*, du bord de la mer, protègent la vigne contre le phylloxera ; la vigne y vient très vigoureuse et elle est très fructifère, surtout si elle trouve dans le sous-sol une couche d'eau douce ; mais ce procédé de défense, très efficace, n'est utilisable que dans des conditions privilégiées.

Enfin, les *plants américains* greffés, résistent au phylloxera et permettent ainsi la culture de la vigne : c'est la solution véritablement pratique.

PYRALE. — La pyrale est un petit papillon de nuit de 1 centimètre 50 de longueur, non nuisible à l'état parfait, mais dont la larve appelée ver *coquin ou ver à tête noire*, mesure 0″02 de longueur, elle est verte et cause de très grands dégâts dans les vignobles de la Bourgogne. Elle est très rare dans le Bordelais. Les œufs sont déposés sur les feuilles où ils forment des plaques vert pomme difficiles à distinguer, puis jaunissent et brunissent pour éclore à la fin de juillet ; les jeunes larves se réfugient dans les fentes des échalas et sous les écorces des ceps où elles passent l'hiver dans une légère coque blanche.

Au printemps, les larves viennent sur les jeunes

feuilles qu'elles chiffonnent pour se former une enveloppe qu'elles dévorent; elles passent ensuite à d'autres feuilles, et quelquefois attaquent les grappes. Vers fin juin, elles filent un cocon blanc, et en juillet, donnent des papillons.

Destruction. — Le meilleur remède est l'ébouillantage.

Pendant l'hiver, on traite les ceps et les échalas à l'eau bouillante qui détruit les petites larves cachées sous les écorces. Il est indispensable *de tout traiter*, l'eau est versée à l'aide de petites cafetières, il faut cinq à six litres par cep, et l'on a aujourd'hui des chaudières donnant de l'eau bouillante rapidement.

Le traitement revient de 80 à 100 fr. par hectare. Les échalas sont disposés dans des caisses où on les traite facilement. Les dégâts sont intermittents et n'ont pas lieu tous les ans.

COCHYLIS. — La cochylis est un très petit papillon de la même famille que la pyrale, mais n'ayant pas plus de 7 à 8 millimètres de longueur. Sa larve de couleur rouge atteint de 8 à 9 millimètres de longueur; elle est appelée *ver de vendange* ou *ver rouge*, et cause, dans certains vignobles, de véritables ravages; c'est ainsi qu'en 1898 elle a détruit, dans un grand nombre de climats de la Côte-d'Or, du tiers à la moitié et plus de la récolte.

La cochylis a deux générations par an, la première apparaît peu avant la floraison; les œufs sont déposés dans les grappes, les jeunes larves agglutinent plusieurs grains, se forment ainsi un magasin protecteur qu'elles dévorent à leur aise. La deuxième génération apparaît en juillet; les œufs sont déposés.

sur les grains, la jeune larve pénètre à l'intérieur du grain, le vide et passe à un autre. Un peu avant la vendange, les larves se retirent et se filent une coque soyeuse dans les fentes des échalas ou sous l'écorce des ceps, et même dans le sol.

Destruction. — L'ébouillantage peut donner de bons résultats, en traitant de bonne heure avec de l'eau très chaude. Quant aux autres procédés préco-

Fig. 45. — Gant à décortiquer.

nisés, ils ne sont pas très efficaces. Nous avons essayé les principaux à l'Ecole de viticulture et les résultats ont été nuls, le ver étant bien protégé par son étui. Un des meilleurs moyens est l'*écrasement*; on écrase les chenilles dans les grappes, soit avec les doigts, soit mieux avec de petites pinces; il est bon aussi de recueillir tous les grains attaqués qui tombent avant la vendange. La dépense peut être évaluée à 3o fr. par hectare.

Le décorticage des souches en hiver peut rendre des services en le combinant avec l'ébouillantage, (fig. 45).

Le traitement avec le mélange de neuf parties de soufre et une de naphtaline qui souriait beaucoup, en raison de sa facilité d'exécution, ne nous a absolument rien donné de bon.

La cochylis, heureusement, est très localisée, et elle sévit surtout dans les régions où les échalas sont nombreux. Les dégâts sont d'autant plus considérables que la floraison dure plus longtemps, tel a été le cas en Bourgogne pendant l'année 1898.

CIGAREUR. — Le cigareur (*urbec ou attelabe*), de son vrai nom Rhynchite du bouleau, est un petit insecte de six à sept millimètres de longueur, de couleur verte brillante à reflets dorés ; sa tête est prolongée par un long bec.

De bonne heure, au printemps, les femelles déposent leurs œufs dans des feuilles qu'elles enroulent, leur donnant la forme et la structure d'un cigare, les larves mangent la substance de la feuille, puis tombent avec elle, s'enfouissent dans le sol pour se transformer. Lorsqu'un grand nombre de feuilles sont ainsi enroulées et fanées, la vigne souffre beaucoup.

Destruction. — Recueillir les feuilles enroulées et les brûler.

ÉCRIVAIN OU GRIBOURI (*Eumolpe de la vigne*). — C'est un petit insecte de cinq à six millimètres de long ; les ailes sont d'un rouge ferrugineux et le reste du corps est noir. L'insecte parfait ronge les feuilles en dessinant des découpures nombreuses, d'où le nom d'écrivain. La larve vit sur les racines où elle peut causer des dégâts.

Destruction. — On fait la chasse à l'insecte parfait, en employant un large entonnoir présentant une échancrure qui embrasse bien le cep, le fond de l'entonnoir est garni avec une toile. En secouant la souche, les insectes tombent, sont recueillis et écrasés (fig. 46). Faire la chasse le matin, et renouveler tous les huit jours.

Fig. 46. — Entonnoir pour prendre les insectes.

ALTISE. — L'altise ou puce de terre n'a pas plus de quatre millimètres, avec le dessus du corps bleu d'acier et le dessous noir. Elle dépose ses œufs à la face inférieure des feuilles; les larves qui naissent sont petites, noires et rongent des feuilles en respectant l'épiderme supérieur, les dégâts sont quelquefois importants. Nous avons observé à Beaune, en 1897, une treille absolument dévastée.

Destruction. — Récolter les insectes de très bonne heure le matin, avec l'entonnoir indiqué pour le gribouri, ou, s'il y en a beaucoup, injecter sur les feuil-

les une infusion de cinq grammes de poudre de pyrè-
thre par litre d'eau.

Coupe-Bourgeons. — Sous ce nom, nous réunis-
sons plusieurs espèces de petits charançons qui, au
début de la végétation, grimpent la nuit sur les ceps
et coupent les bourgeons en formation. Pendant le
jour, ils se trouvent cachés sous les mottes et les
souches, au pied des ceps où il faut les chercher
pour les détruire.

Hannetons. — Les hannetons et leur larve, *le ver
blanc*, sont malheureusement trop connus pour que
nous en fassions la description. C'est surtout le ver
blanc qui cause de grands dégâts dans les pépinières
et les jeunes plantations. Nous avons vu sur le territoire de Magny-les-Villers (Côte-d'Or) des jeunes vignes absolument dévastées.

Destruction. — Pratiquer le hannetonnage, c'est
le meilleur procédé. Pour détruire les vers blancs,
employer le sulfure de carbone. Dans les endroits
infestés, avant de faire une plantation, il serait utile
de traiter à la dose de 300 kilos de sulfure à l'hectare, en opérant à l'automne précédent la plantation.
M. Le Moult, président du syndicat agricole de
Gorron (Mayenne), et après lui plusieurs expérimen-
tateurs ont préconisé l'emploi d'un champignon pa-
rasite du ver blanc, le *botrytis tenella*; nous avons
étudié avec soin ce procédé qui pourrait peut-être
devenir efficace si l'application en était générale.
Jusqu'ici, nous pensons que le meilleur traitement
est encore le hannetonnage.

Noctuelle et *ver gris*. — La noctuelle est un petit papillon dont la larve, appelée *ver gris* à cause

de sa couleur, est très vorace et attaque la vigne
comme les autres plantes. Ce sont surtout les pépinières qui ont à souffrir des attaques du ver gris.

Destruction. — Le meilleur procédé consiste à
rechercher les vers au pied des souches, et d'établir,
de distance en distance, des petits tas d'herbes, le
ver gris s'y réfugie, et on le détruit facilement.

Erinose. — L'érinose est due aux piqûres d'un
petit acarien et se manifeste par les boursoufflures
des feuilles. A la face inférieure, correspondent des
cavités garnies d'un feutrage d'abord blanc, puis
rouge à la fin de la saison.

La feuille ne paraît pas souffrir de cette attaque
que nous avons observée sur quelques grappes, en
1897 et 1898, mais assez rarement, et, jusqu'ici, l'affection ne demande aucun traitement. Nous ne
l'avons signalée que par suite de la confusion qui se
produit dans les campagnes entre cette affection
bénigne et le mildiou, beaucoup plus grave, qui ne
forme *pas de cloques* sur les feuilles.

B. Maladies non parasitaires

Chlorose. — La chlorose ou *jaunisse* se caractérise par le jaunissement des feuilles et le rabougrissement des souches. On trouvait bien autrefois, dans
nos anciennes plantations, quelques souches qui
jaunissaient, mais c'étaient des cas isolés. Aujour-
d'hui, il n'en est plus de même; la chlorose s'étend
à de grandes surfaces, et c'est cette affection qui a
retardé, jusqu'ici, la reconstitution dans les sols ren-

fermant une forte proportion de calcaire assimilable comme en Charente.

Les nouveaux hybrides obtenus vont trancher la question ; ils sont suffisamment résistants au phylloxera et se comportent bien dans les sols calcaires. Mais les plantations anciennes dans ces sortes de sols souffrent considérablement de la chlorose qui peut atteindre une forme aigüe le Cottis, dans laquelle les souches sont rabougries, les pousses très faibles et les feuilles excessivement petites. A cet état, il est difficile de sauver la vigne. Sans arriver jusque-là, le mal peut être grand, lorsque les feuilles n'accomplissent plus leur fonction, et alors les fruits coulent.

Le jaunissement se produit aussi quelquefois au printemps, après les pluies, dans les sols froids et humides, compacts, mais il est beaucoup moins grave, et disparaît presque toujours sous l'influence de la chaleur.

Traitement. — On combat très efficacement la chlorose au moyen du sulfate de fer. Le mode le plus rationnel est le traitement du docteur Rassiguier. On fait dissoudre 30 à 35 kilos de sulfate de fer dans 100 litres d'eau. La vigne est taillée à l'automne, lorsque le bois est aoûté *et au moment de la chute des feuilles.* L'homme qui taille est suivi immédiatement par un ouvrier qui, avec un petit pinceau, badigeonne les sections de taille en évitant de faire couler du liquide sur les yeux. On a conseillé de mettre jusqu'à 45 o/o de sulfate de fer, mais nous avons eu des brûlures et la dose de 30 à 35 o/o nous paraît largement suffisante.

On peut aussi employer la solution suivante :

Sulfate de fer......   25 kilos
Savon noir........   10 —
Eau..............   100 litres.

Cette solution ne nous paraît pas supérieure à la précédente.

On peut mettre aussi au pied de chaque cep, avant l'hiver, 500 grammes de sulfate de fer, mais c'est plus coûteux, et nous préférons de beaucoup le badigeonnage, malgré la nécessité de tailler à l'automne.

Enfin, si la chlorose est faible, on obtiendra quelquefois le reverdissement des ceps en pulvérisant sur les feuilles une solution renfermant de 1 à 2 o/o de sulfate de fer.

Coulure. — La coulure consiste dans l'avortement des fleurs ; elle peut provenir de la mauvaise constitution des fleurs, c'est la *coulure constitutionnelle* ; dans ce cas, le seul remède est de surgreffer les ceps coulards avec des greffons de ceps fertiles.

La coulure accidentelle est plus répandue, elle est due : 1° à *une végétation trop vigoureuse* ; 2° aux *intempéries*. Dans le premier cas, il faut diminuer la vigueur par une taille appropriée, en laissant un ou plusieurs longs bois.

Les intempéries qui occasionnent la coulure sont assez nombreuses :

Le froid et les pluies entraînent le pollen et empêchent d'avoir une température suffisante pour la fécondation ; les grands vents dessèchent les organes de reproduction.

Traitement. — Le pincement opéré à deux ou trois feuilles au-dessus des fleurs favorise la fécondation ; il est reconnu aussi qu'un soufrage au moment de la fleur empêche beaucoup la coulure.

MALADIE PECTIQUE. — Se caractérise par le fait que les feuilles de la base des sarments présentent des taches d'abord sombres, puis d'un rouge vineux, qui s'étendent ensuite sur toute la feuille en laissant souvent le centre vert et intact. Plus tard, le bord des feuilles se dessèche, formant une gouttière, et enfin la feuille tombe.

Cette affection, signalée en 1894, dans le Beaujolais, par M. Perraud, se produit dans des conditions exceptionnelles de sécheresse ; elle affaiblit le cep.

Traitement. — Pour éviter la maladie, maintenir le sol frais par des défoncements, du fumier riche et des binages.

Accidents résultant des intempéries

COUPS DE SOLEIL OU BRULURES. — Sont assez communs dans le Midi, les feuilles présentent des plaques irrégulières plus ou moins grandes, de couleur feuille morte. Lorsque la feuille est attaquée près de la queue, elle tombe, et si beaucoup de feuilles d'un cep sont atteintes, le raisin mûrit mal.

En général, il n'y a que quelques feuilles par cep, et alors le mal est faible et négligeable.

FOLLETAGE OU APOPLEXIE. — Se remarque du 15 juin au 15 août. Les ceps en pleine végétation se flétrissent spontanément ; les feuilles sèchent et tom-

bent, puis ce sont les sarments et même les bras.
Rarement le cep reprend l'année suivante.

Le folletage se produit partout, de préférence dans
les sols frais et fertiles, après un printemps humide,
et pendant les grandes chaleurs ; les cas sont toujours isolés ; on les observe assez souvent sur les
jeunes greffes dont les racines sont peu développées ;
cela était surtout facile à constater au printemps de
1898.

Il n'y a pas de remèdes, on peut recéper de suite,
il y a alors des chances pour qu'il se développe
quelques bourgeons capables de permettre la formation du cep.

Rougeot. — Se caractérise par la teinte rouge que
prennent les feuilles, teinte qui persiste jusqu'à la
chute ; les sarments peuvent se dessécher. L'affection paraît un cas particulier du folletage, mais
moins grave, car il est rare que le cep en meure.
Pas de remède ; assainir le sol.

Echaudage. — Se produit sur les raisins par les
fortes chaleurs. Les grains frappés durcissent, se
dessèchent, et souvent tombent ; la récolte est dimi-
nuée en quantité et en qualité, mais la souche ne
souffre pas. On remarque l'échaudage surtout dans
le Midi. Eviter l'effeuillage et l'exposition directe au
soleil.

Millerandage. — Le millerandage tient aux mêmes causes que la coulure dont nous avons parlé. Si
les souches sont très vigoureuses, beaucoup de
grains ne se développent pas, restent petits et la
grappe est lâche. Le millerandage se produit aussi
par suite des intempéries, et il est assez commun

chez certains cépages ; on le combat comme la coulure.

POURRITURE DES RAISINS. — Se produit surtout
dans les années humides, au moment de la maturation. L'altération est favorisée par tous les accidents
qui atteignent les grains; elle commence toujours
sur les raisins les plus près de terre, c'est pourquoi,
dans les pays septentrionaux et dans les bas-fonds,
il faut élever la vigne.

GELÉES. — On distingue : *les gelées d'automne ;
d'hiver ; de printemps, noires ou à glace et blanches.*

Les *gelées d'automne* ne sont à craindre qu'au
nord de la culture de la vigne; elles amènent la
chute prématurée des feuilles et empêchent l'aoûtement du bois. Les raisins altérés par les gelées donnent des vins inférieurs et peu alcooliques.

Les *gelées d'hiver* se produisent surtout dans les
bas-fonds lorsque la température descend au-dessous de 15°. Si la vigne est gelée jusqu'aux racines,
il faut arracher ; si les coursonnes sont seules touchées, on taille au-dessous des moins touchées ;
si les bras sont atteints, on recèpe, et il est bon de
greffer. Les jeunes greffes sont plus sensibles aux
gelées qui détériorent les tissus, que les anciennes
plantations.

Les *gelées de printemps* sont les plus dange-
reuses.

Les gelées à glace se produisent souvent au moment du débourrement ; les bourgeons sont gelés, et
il se produit plus tard sur la souche de nombreux
rameaux parmi lesquels on choisit pour asseoir la

taille de l'année suivante. Quelquefois, un bras de la
souche ne donne aucun rameau, il se produit alors
des excroissances appelées *broussins*; on les enlève
en taillant sur la partie saine.

Les *gelées blanches* se produisent de mars en juin;
les rameaux attaqués brunissent et se dessèchent.

Si la gelée sévit lorsque le bourgeonnement a
commencé, il faut tailler sur le vieux bois pour
avoir des gourmands qui serviront pour la taille
de l'année suivante, la récolte de l'année est perdue. Lorsque la gelée vient un peu plus tard, on
pourra encore avoir une petite récolte en taillant les
jeunes rameaux sur la partie saine, et en ébourgeon-
nant très sévèrement.

Pour se protéger des gelées, employez des cépages
à débourrement tardif, retardez le débourrement par
une taille tardive; la submersion retarde aussi le
départ de la végétation. Tenir le sol très propre et
éviter de labourer le sol humide au moment du débourrement, car on faciliterait le rayonnement nocturne et, par suite, les gelées.

Autres moyens. — On a proposé et employé des
abris en planches, des paillassons ou des toiles, disposés au-dessus du vignoble; la protection est suffisante, mais ce n'est pas pratique en grande culture,
bien que le procédé puisse être employé avec avantage sur de petites surfaces.

Les *nuages artificiels* donnent d'excellents résultats; on couvre le vignoble d'un voile de fumée qui
obscurcit l'atmosphère et empêche le rayonnement.
On entoure le vignoble d'un réseau de pots contenant des huiles lourdes ou du goudron et espacés

de 10 à 20 mètres. Dans le vignoble, les pots sont à 50 ou 100 mètres. Lorsque la température descend à + 2°, on allume, en ayant soin de commencer du côté où le vent poussera la fumée sur la vigne; il est inutile d'allumer les rangées opposées.

On obtient ainsi une protection très efficace, à condition que le vignoble soit aggloméré et tous les vignerons syndiqués. La dépense est alors faible, et ce procédé peut être mis en usage avec grand avantage.

GRÊLE. — La grêle est un fléau terrible dont il est impossible de se préserver; la récolte de l'année est détruite, et la charpente étant endommagée, la vigne s'en ressent pendant plusieurs années.

Si la grêle tombe en juin, on peut tailler en vert et à deux yeux les sarments déchiquetés; on obtiendra ainsi deux rameaux qui pourront mûrir et donner la taille de l'année suivante; mais si la grêle vient plus tard, en juillet ou en août, il n'y a rien à faire, les jeunes pousses n'auraient pas le temps de mûrir.

Durant l'hiver, on nettoiera convenablement les bras, pour reformer le cep.

Si la grêle tombe lorsque le raisin est presque mûr, il faut vendanger immédiatement, car tout pourrirait; on obtient, il est vrai, un vin très médiocre, mais cela vaut mieux que rien.

C. — Parasites végétaux

OÏDIUM. — Cette maladie se développe sur tous les organes verts de la vigne, *feuilles, sarments, raisins*. Il se produit des taches plus ou moins grandes, couvertes d'une poussière blanche farineuse, ayant une odeur de moisi assez prononcée. Plus tard, la poussière devient gris noirâtre, les feuilles sont noires et très cassantes ; les jeunes rameaux ne mûrissent pas, cassent facilement et les entre-cœurs se développent; les jeunes grains se couvrent *d'un feutrage grisâtre* qui les empêche de grossir, ils éclatent et se dessèchent, la récolte est perdue.

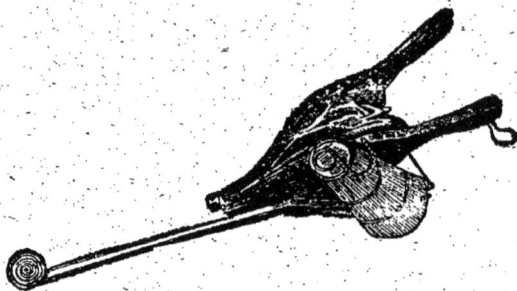

Fig. 47. — Soufflet à soufrer.

Remède. — L'oïdium est dû à un champignon qui se développe à la surface des organes, et on le détruit par les *soufrages*. Dans le commerce se trouvent un grand nombre de soufres ; les meilleurs sont *ceux à grains très fins*. Il faut pratiquer trois soufrages : le premier, lorsque les pousses ont o˙o8 à o˙10 ; le deuxième, au moment de la floraison, et le troisième, à la véraison.

Le premier soufrage est indispensable et doit être pratiqué de très bonne heure, on le néglige trop souvent ou on l'exécute trop tard, d'où quelques échecs.

Le soufrage se pratiquera le matin, par un temps calme, après la chute de la rosée, il est dangereux dans le midi et pour les treilles, de traiter par les fortes chaleurs, il pourrait en résulter des brûlures. Dans les régions septentrionales nous n'avons jamais observé d'inconvénients en faisant le traitement pendant les heures chaudes de la journée. L'épandage se fait soit à l'aide d'un soufflet muni d'un réservoir à soufre, (fig. 47), soit mieux, pour la grande culture, avec une soufreuse mécanique, dont il existe beaucoup de modèles. Les plus simples sont les meilleures, elles permettent de traiter 2 à 3 hectares par jour et économisent beaucoup de soufre, (fig. 48).

On emploie :

$$1^{er} \text{ soufrage} \ldots\ldots\ldots\ldots \quad 12 \text{ à } 15^k$$
$$2^e \text{ et } 3^e - \ldots\ldots\ldots\ldots \quad 25 \text{ à } 30$$

Si le besoin s'en faisait sentir, il faudrait exécuter un soufrage supplémentaire, mais en cessant toujours au moins un mois avant la vendange pour éviter d'introduire du soufre à la cuve.

Le soufrage, très pratiqué pour les treilles, est encore peu employé en grande culture, sauf dans le midi, et c'est à tort qu'il est négligé, car l'oïdium cause souvent des dégâts considérables, et affaiblit notablement la vigne.

MILDIOU. — La maladie est due à un champignon qui a fait son apparition en France en 1878, et s'est développé depuis très rapidement. Tous les organes verts de la vigne sont attaqués.

Les feuilles présentent à la face inférieure des taches blanches, plus ou moins irrégulières, qui correspondent sur la face supérieure à une teinte d'abord jaunâtre, puis couleur feuille morte ; la *feuille n'est jamais boursouflée*, ce qui distingue nettement de l'érinose.

Sur les sarments, les caractères sont les mêmes, sur les fleurs aussi et celles-ci coulent le plus souvent.

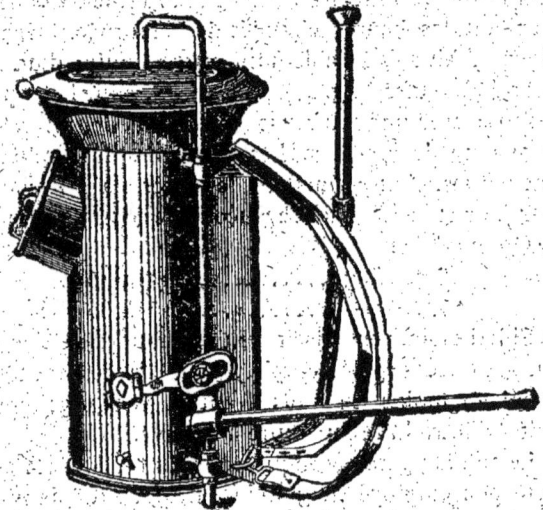

Fig. 48. — Soufreuse « Torpille ».

Lorsque le mildiou attaque les grappes, *il constitue le rot brun* ; les grains durcissent et brunissent, ils se dessèchent et tombent d'autant plus facilement que la grappe est elle-même attaquée.

On comprend les dégâts considérables que peut causer cette affection. Les feuilles et les jeunes ra-

meaux attaqués, se dessèchent, tombent, et les grains
ne peuvent pas mûrir ; la souche est fortement affai-
blie, et, en quelques années, peut périr. Nous avons
observé qu'une grande partie des vignes du département d'Eure-et-Loir, sont surtout abandonnées depuis les attaques du mildiou.

Un temps humide et chaud favorise le développement de la maladie ; au contraire, la sécheresse l'ar-
rête ; la maladie se transmet facilement d'une année
à l'autre, par des organes restant à l'intérieur des
feuilles.

Remède. — Les sels de cuivre sont très efficaces
pour combattre le mildiou, mais comme le champignon se développe à l'intérieur des tissus, *il faut
que le cuivre soit déposé sur les feuilles avant la
germination du champignon.* Le traitement doit
donc être *préventif*.

Il est nécessaire de faire trois traitements :

Le premier, lorsque les pousses ont de 0^m08 à
0^m12, le deuxième, à la floraison, et le troisième, un
mois après, en opérant par un temps sec. On a prétendu qu'il était mauvais de traiter pendant la floraison ; nous croyons que c'est à tort, car nous n'avons
jamais observé d'accidents en traitant à cette époque
avec des bouillies bien faites.

Les substances proposées sont très nombreuses,
les plus répandues sont :

A. — *Bouillie bordelaise*

Sulfate de cuivre .... 2 kilog.
Chaux vive 1
Eau .... 100 litres.

B. — *Bouillie bourguignonne*

Sulfate de cuivre ....   2 kilog.
Cristaux de soude ....   3 —
Eau ....   100 litres.

Dans ces deux bouillies, on peut ajouter 0k5oo *mélasse* pour avoir la bouillie sucrée ayant plus d'adhérence.

Mes expériences exécutées depuis deux ans à Beaune, ne nous ont pas prouvé cette assertion. Nous ne faisons en outre aucune différence entre les deux, la deuxième étant peut-être un peu plus adhé-rente aux feuilles que la première, et encrassant moins les appareils.

Le premier traitement peut être fait à la dose de 1 kilog. de sulfate de cuivre, c'est suffisant, en mettant 2 kilog. pour les autres traitements.

On fait dissoudre séparément le sulfate de cuivre, puis la chaux ou la soude, et l'on mélange en quantité voulue seulement au moment de l'emploi ; il ne faut préparer que la quantité qui sera employée dans la journée.

Pour les vignes en lignes espacées de 1 mètre, il faut 400 litres par hectare pour le premier traite-ment, et 5 à 600 litres pour les suivants.

C. — *Bouillie au savon Lavergne*

	1er traitement	2e et 3e traitements
Savon	700 gram.	1400 gram.
Sulfate de cuivre.	500 —	1000 —
Eau	100 litres	100 litres.

On pourra remplacer ce savon de composition

spéciale par un autre savon, mais il sera nécessaire
d'expérimenter.

D. — *Les verdets*

Le verdet est un acétate de cuivre ; il se délaie
bien dans l'eau ; on l'emploie à la dose de 1 à 2 kil.
par hectolitre d'eau. Il nous a paru avoir l'inconvé-

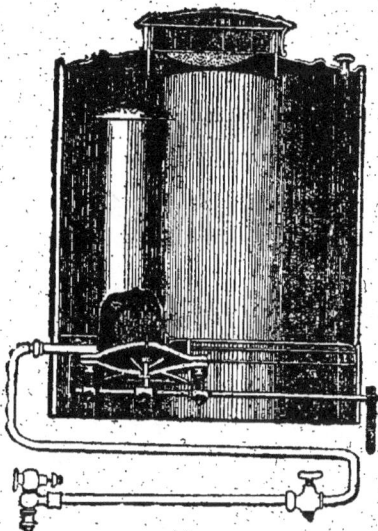

Fig. 49. — Coupe du pulvérisateur « l'Eclair ».

nient de ne pas marquer sur les feuilles, ce qui rend
le contrôle des traitements plus difficile.

E. — *Autres substances à employer en aspersion.*

Sont très nombreuses, et d'un emploi facile ; quel-
ques-unes sont très bonnes, d'autres médiocres, et

elles doivent être expérimentées sérieusement avant
de les employer en grand.

F. — Poudres diverses

On trouve beaucoup de poudres à base de sulfate
de cuivre ; elles manquent d'adhérence et ne nous
ont jamais donné d'excellents résultats, nous donnons de beaucoup la préférence aux traitements
liquides.

Les liquides sont répandus à l'aide d'instruments
appelés *pulvérisateurs*, (fig. 49 et 50), qui projettent
les liquides sous pression, en gouttelettes très fines.
Leur description nous entraînerait trop loin. La
pression est donnée aux liquides au moyen d'une
pompe manœuvrée à la main pendant la marche,
c'est fatigant et l'ouvrier ne peut pas apporter toute
son attention au traitement qu'il exécute ; aussi y
a-t-il tendance à utiliser de plus en plus les appareils à pression indépendante, dispensant de la
manœuvre du balancier. Il en existe maintenant
quelques types bien construits. Dans les vignes à
grand écartement du midi on peut employer avantageusement les pulvérisateurs à bât ou à traction.

Quel que soit l'appareil employé, il doit être entre-
tenu avec beaucoup de soin, et nettoyé à fond après
chaque campagne.

Il est préférable d'employer des bouillies moins
fortes et de répandre plus de liquides pour bien
mouiller toutes les feuilles ; il faut éviter les *bouillies acides* qui peuvent brûler les jeunes feuilles ;
ce sont toujours les bouillies *neutres* qui nous ont
donné les meilleurs résultats ; il est facile de s'assu-

rer de la neutralité, avec un morceau de papier de tournesol, bleu ou rouge, qui doit prendre une teinte *lie de vin*, dans une liqueur neutre.

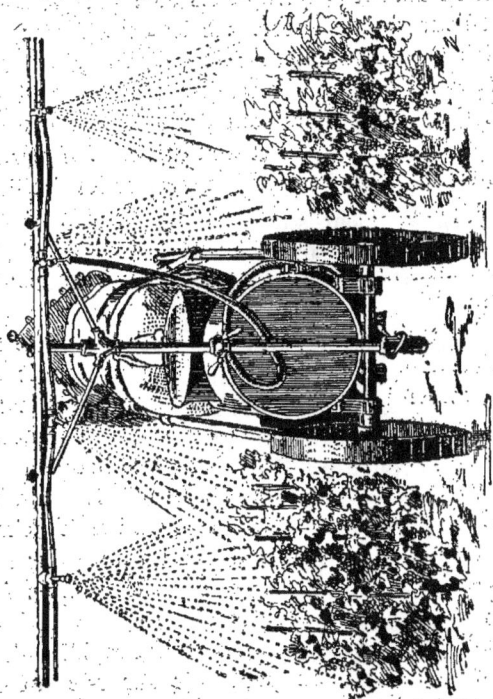

Fig. 50. — Pulvérisateur à traction.

Nous avons insisté sur ces détails, qui trop souvent sont négligés malgré leur très grande importance.

BLACK-ROT. — Le Black-rot est surtout une maladie des raisins et cause des ravages considérables. Il est assez facile de le reconnaître.

Sur les *feuilles*, on remarque des taches irrégulièrement circulaires, généralement de 2 à 3 millimètres de diamètre, quelquefois bien plus longues, de couleur feuille morte sur les deux faces; sur ces taches on distingue, *même à l'œil nu*, de *petits points noirs* peu nombreux disposés concentriquement. Ces points noirs sont des organes de reproduction du champignon et sont *caractéristiques*.

Les taches sont peu nombreuses sur les feuilles; elles apparaissent sur les feuilles de consistance moyenne, jamais sur les très jeunes et elles font peu de mal, mais *la maladie commence toujours par les feuilles*.

Sur les grains, on aperçoit d'abord une petite tache circulaire de couleur livide et plus foncée au centre, ressemblant à une meurtrissure; puis la tache s'agrandit, gagne toute la pulpe qui se ramollit et devient rougeâtre, il suffit de 24 à 48 heures pour que tout le grain soit attaqué. Bientôt le grain se flétrit, se ride, se dessèche et prend une teinte noire violacée. Il ressemble alors à un pruneau; sur sa surface on voit des milliers de *petits points noirs* semblables à ceux des feuilles.

Le mal se propage avec une extrême rapidité d'un grain à l'autre et l'on peut voir sur une même grappe toutes les phases de la maladie.

Après la véraison, les grains attaqués continuent à s'altérer, mais les grains sains restent indemnes.

Conditions de développement. — Le black-rot exige de la chaleur et de l'humidité; cette dernière surtout est indispensable, car le champignon prend surtout une grande extension dans les plaines humides.

Il n'envahit pas brusquement tout un vignoble mais se développe lentement et progressivement autour d'un noyau.

Le black-rot agit par poussées successives; il ne peut germer que sur les feuilles presqu'arrivées à l'état adulte, mais non sur les jeunes et les vieilles feuilles, et il y a donc un état de *réceptivité* particulier. Pour les grains, la réceptivité, faible d'abord, atteint son maximum en juillet et diminue ensuite.

Il se produit des invasions tous les quinze à vingt jours, et chaque invasion dure de trois à dix jours. Notre cadre restreint nous empêche de donner les détails sur la marche de la maladie, nos lecteurs pourront se reporter, à cet égard, aux remarquables études de MM. Prunet, Couderc, Perraud, etc.

Voici, d'après M. Perraud (1), le développement du Black-Rot dans le Beaujolais, en 1897.

1" invasion, 28 mai, faible.

2° — 23 juin, assez forte.

3° — 6 juillet, violente partout, 30 0/0 de raisins perdus.

4° — 20 juillet, moins forte sur les feuilles, 50 0/0 de raisins perdus.

5° — 4 août, rien sur les feuilles, tous les raisins détruits.

Remède. — Malheureusement, à l'heure actuelle,

_____

(1) Perraud, C. R. Acad. des Sc. 8 nov. 1897.

on n'est pas encore absolument sûr du traitement. Les sels de cuivre paraissent efficaces et nous pensons que les échecs viennent surtout d'une application inopportune; on a, en effet, obtenu d'excellents résultats avec quatre traitements alors que huit ou dix traitements sont restés inefficaces; il conviendrait de traiter au moment des invasions.

Voici, d'après M. Couderc (1), les époques de traitements.

	Année précoce	Année moyenne	Année tardive
1er traitement.	20-25 avril	25-30 avril	1er au 5 mai
2e —	24-29 mai	29 mai-3 juin	3 au 7 juin
3e —	14-20 juin	19 au 25 juin	24 juin-1er juillet
3e bis —	18-21 juin	13 au 28 juin	28 juin-3 juillet
4e —	7-13 juillet	13 au 18 juillet	13 au 28 juillet

L'invasion de fin juin étant la plus grave, deux traitements très rapprochés sont indiqués.

Ces dates n'ont rien d'absolu, elles s'appliquent au département du Gers et les observations manquent pour les différentes régions.

En tous cas, il semble nécessaire de faire au moins quatre traitements.

La bouillie bordelaise et la bouillie bourguignonne peuvent être employées, mais on donne la préférence à la première.

On a proposé l'emploi des sels de mercure; jusqu'ici les résultats sont peu concluants, et il ne faut pas oublier que les sels de mercure sont d'une manipulation très dangereuse.

Voici les conclusions de la Commission officielle du Black-Rot en 1897 :

(1) Couderc. — Congrès ampélographique de Toulouse 1897.

1° Les sels de cuivre sont efficaces.

2° La bouillie bordelaise à 2 o/o produit de bons effets.

3° Faire le premier traitement lorsque les pousses ont de o^m 10 à o^m 15.

4° En général, quatre à cinq traitements sont suffisants.

5° Détruire les feuilles attaquées.

6° Dans les pays non infestés, détruire immédiatement par le feu tous les organes attaqués.

Les conclusions présentées par M. Prunet au Congrès de Lyon (1) ne diffèrent pas beaucoup des précédents. Voici comment sont indiquées les époques de traitement :

1er traitement. — Lorsque les pousses ont de 5 à 7 feuilles.

2° — Lorsque les pousses ont de 7 à 9 feuilles.

3° — Lorsque les pousses ont de 11 à 13 feuilles.

4° — 6 à 11 jours après la première invasion, ou lorsque les pousses ont de 15 à 18 feuilles.

5° — Pendant la deuxième invasion.

6° — Pendant la troisième invasion.

Les traitements doivent être appliqués avec beaucoup de soins ; il faut mouiller tous les organes et il est indispensable d'écarter les branches pour être sûr de bien atteindre tous les raisins.

(1) Compte-rendu du Congrès viticole de Lyon, septembre 1898.

Terminons la question du Black-Rot en disant que, d'après une communication faite à l'Académie des Sciences en 1898, et à la réunion générale de la Société de Viticulture de Lyon, en décembre dernier, par M. Perraud, *la colophane* augmente beaucoup l'adhérence des bouillies à base de cuivre sur les feuilles et les raisins.

Nous ne pouvons que citer le fait sans indiquer pour l'instant les doses à employer, les expériences n'étant pas terminées complètement à l'heure actuelle.

Anthracnose.— L'anthracnose, encore appelée charbon, rouille noire ou picoutat (midi) est une maladie très anciennement connue; elle se présente sous trois formes :

L'anthracnose maculée ;
L'anthracnose ponctuée ;
L'anthracnose déformante.

La première est de beaucoup la plus dangereuse; elle ressemble à un chancre qui ronge les tissus. Sur les sarments, il se produit d'abord une tache rougeâtre qui se fonce de plus en plus, forme une meurtrissure qui se creuse et pénètre dans l'intérieur du rameau, dans la direction des fibres; les taches peuvent se rejoindre et le sarment cesse de s'accroître; il se produit beaucoup de rejets.

Les feuilles sont attaquées par le pétiole ou les nervures, elles se déforment ou tombent; sur le limbe on voit de petites taches rondes, brunes, cerclées de noir.

Les raisins attaqués se creusent, montrent les pé-

pins à nu et il peut en résulter des pertes considérables.

Traitement. — Pendant l'hiver, on badigeonne
les ceps avec la solution suivante en la faisant pé-
nétrer partout.

Sulfate de fer......... 5o kilog.
Acide sulfurique...... 1 litre.
Eau................. 100 litres.

Pendant la végétation on pourra se protéger par
des soufrages répétés, le premier avec un mélange de
1 de chaux vive,
4 de soufre.
puis on augmente la proportion de chaux jusqu'à
avoir 1 de chaux pour 1 de soufre ; on traitera tous
les quinze jours. Ne jamais employer comme boutures des sarments anthracnosés.

Pourridié. — Le pourridié ou blanc des racines
est déterminé par un champignon qui se développe
sur les racines des vignes plantées dans les terrains
humides et imperméables.

Les souches atteintes dépérissent et forment des
taches analogues à celles produites par le phylloxera ;
les racines sont entourées de filaments blancs, la
vigne vivote pendant deux à trois ans, puis meurt.

Remède. — Arracher les vignes attaquées et cir-
conscrire les taches par un fossé ; faire pendant
quelques années des plantes annuelles et assainir le
terrain avant de replanter.

Rot blanc. — Le rot blanc ou rot pâle est une
maladie des raisins, assez rare heureusement, mais

elle a occasionné d'assez grands dégâts dans le Gard, l'Hérault, la Vendée en 1887.

Les grains attaqués irrégulièrement sur la grappe deviennent juteux, pourrissent en prenant une teinte livide blanc brunâtre, puis ils se rident et présentent à leur surface un grand nombre de petites pustules de couleur fauve; tout le grain a une couleur grisâtre.

L'attaque est assez rare sur les rameaux, plus commune sur les pétioles où l'on remarque alors les pustules caractéristiques.

Développement. — Le rot blanc se développe dans les années humides, en juillet ou août, sur les raisins déjà gros et, en quelques jours, il peut altérer la récolte; on ne l'observe pas dans les années sèches. Son apparition est irrégulière et paraît facilitée par les blessures des raisins.

Remède. — L'apparition tardive, brusque et irrégulière de la maladie, rend les traitements difficiles; on peut essayer les sels de cuivre.

MÉLANOSE. — La mélanose est une altération des feuilles qui présentent des petits points bruns fauve clair creusés au centre et souvent très nombreux. Ces taches se développent surtout en juillet; les feuilles attaquées jaunissent et tombent plus vite, leurs fonctions sont ralenties, mais il reste toujours un grand nombre de feuilles saines; et, comme la maladie est assez rare sur nos vignes françaises, il n'y a pas à s'en occuper.

FUMAGINE. — La fumagine ou noir n'est pas particulière à la vigne, elle se manifeste sous forme d'une poussière noire très abondante semblable à de la

sule pouvant recouvrir tous les organes verts ; alors
les fonctions sont ralenties. L'affection est très rare
en pleine terre et elle ne cause de dégâts que dans
les serres où l'atmosphère est chaude et humide.

BRUNISSURE. — Se développe en juillet, août et
septembre sous forme de taches brunes irrégulières
qui finissent par se réunir en ne laissant vert que le
pourtour des feuilles et le long des nervures.

Les feuilles atteintes ont une couleur brun aca-
jou, elles fonctionnent mal et quelquefois tombent ;
alors les raisins découverts durcissent et ne mûrissent pas, il peut en résulter une perte allant jusqu'au tiers de la récolte, comme cela s'est produit
dans l'Aude et dans l'Héraut de 1889 à 1892 ; mais,
en général, la maladie est bénigne ; le cep ne souffre
pas et l'on ne connaît pas de remède.

COUP DE POUCE. — Sur des grains isolés, il se
produit des taches d'abord livides, puis brun vio-
lacé et la peau s'affaisse comme si elle avait été
comprimée avec le pouce ; ensuite la peau se ride et
le grain tombe. Tous les cépages peuvent présenter
cette altération dans toutes les régions, mais le mal
est toujours de peu d'importance.

GOMMOSE BACILLAIRE. — Cette affection détermine
un rabougrissement des ceps, les entre-nœuds restent courts, les feuilles sont petites, découpées, déformées et tombent de bonne heure.

Le mal débute par les plaies de taille, gagne les
bras, puis les racines.

Le traitement consiste à enlever toutes les parties
malades, badigeonner les sections avec du sulfate
acide de fer et recouvrir de goudron.

Le mieux, c'est d'arracher les souches attaquées, de les détruire et d'éviter d'employer des boutures provenant de pépinières attaquées.

D'après M. Prillieux qui a étudié cette affection en France, le *roncet ou court-noué*, assez commun en Bourgogne, et qui présente les caractères extérieurs que nous venons d'énumérer, n'aurait pas d'autre cause.

TROISIÈME PARTIE

VITICULTURE COMPARÉE

Nous avons indiqué jusqu'ici les règles générales pour la culture et la conduite des vignes, mais il y a de nombreuses variations, car, suivant les pays, le mode de culture, et surtout la taille, changent. Nous décrirons très rapidement ici les méthodes employées dans les différentes régions.

CHAPITRE IX

Région Méditerranéenne.

Le terrain est toujours défoncé avant la plantation à environ 0m50. La plantation se fait quelquefois en *ouillières :* il y a des lignes doubles espacées de un mètre, et entre deux lignes doubles se trouve un es-

pace de 4 à 8 mètres qui supporte d'autres cultures;
mais en raison de la valeur des produits de la vigne,
les ouillières doivent être abandonnées le plus possible.

On plantera alors en carré, ou mieux en quinconce,
avec un écartement de 1ᵐ50 à 1ᵐ75; les souches sont
tenues *très basses*, en gobelet portant de trois à huit
bras, les sarments ne sont pas palissés. La taille se
fait en janvier et février, elle est toujours *courte*.

Le provignage n'est guère pratiqué dans le Midi;
l'ébourgeonnement n'est pas d'usage courant, le
pincement ne se fait pas, sauf pour la *clairette*, qui
s'emporte facilement à bois. Le rognage et l'effeuillage sont inutiles et plutôt nuisibles, car le raisin a
besoin d'être protégé contre les ardeurs du soleil.

La culture se borne à trois labours donnés à la
main, ou à la charrue dans les grandes exploitations.

La fumure est appliquée avec soin, surtout depuis
la reconstitution avec les cépages américains.

La plantation de ces derniers se fait avec des boutures ou des racinés, et l'on greffe généralement sur
place la deuxième année de plantation.

Dans les plaines fertiles, on laisse souvent des
longs bois; l'on pratique alors les tailles particuliè-
res, Meyrouze, Quarante, en cercle, etc., destinées à
amener une production abondante.

CHAPITRE X

Région du Sud-Ouest.

Cette région est très favorable à la culture de la vigne, et les vins obtenus ont une grande valeur. Le centre de production est la Gironde, qui comprend plusieurs régions.

Le sol est toujours défoncé ; la plantation se fait avec des boutures simples ou des plants enraci-

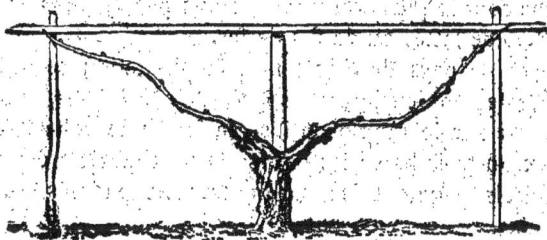

Fig. 51. — Taille du Médoc.

nés, et dans les nouvelles vignes on plante des racinés américains que l'on greffe ensuite sur place, ou bien on emploie des greffes-boutures faites sur table.

Dans le *Médoc*, les ceps sont espacés de un mètre en tous sens, les souches sont tenues basses, et présentent deux bras sur lesquels on laisse une branche à fruit de 0^m30 à 0^m40, choisie près du vieux bois et autant que possible en dessous, pour ne pas élever la souche. Des côts d'attente sont ménagés ; ils sont taillés à un ou deux yeux, et fourniront au moment voulu des branches pour remplacer le vieux bois (fig. 51).

Les bras sont palissés sur des lattes, que l'on remplace de plus en plus aujourd'hui, par des fils de fer.

La vigne est légèrement fumée avec des composts que l'on enterre au printemps ; on donne en général quatre labours, puis les binages nécessaires ; l'ébourgeonnage et le rognage sont de règle culturale, et quelquefois on pratique l'effeuillage. Dans les *Graves*, la culture est celle du Médoc ; les bras de la vigne sont le plus souvent soutenus par des échalas, au lieu de lattes ou de fils de fer.

Dans le pays de *Sauternes*, la plantation se fait généralement en lignes espacées de 2 mètres, et à 1 mètre sur le rang on utilise la forme de gobelet à deux ou trois bras ; les coursons sont taillés à deux ou trois yeux, et les sarments sont palissés sur échalas.

Les côtes d'*Entre-Deux-Mers* portent des vignes en rangs espacés de 1"50 à 2 mètres, et les souches sont à 1 mètre sur la ligne. On donne une forme de gobelet avec deux ou quatre bras, maintenus à 0"30 ou 0"40 du sol ; la taille est courte ou présente un long bois dans les sols les plus riches. Le palissage se fait sur échalas ou sur deux rangs de fils de fer.

Dans le *Libournais*, les vignes sont en général à 2 mètres sur 1 mètre ; elles sont en gobelet à deux ou trois branches, portant un courson taillé à deux

ou trois yeux, ou bien l'on pratique une taille longue avec un courson de retour.

Les vieilles vignes tenues courtes n'ont pas de

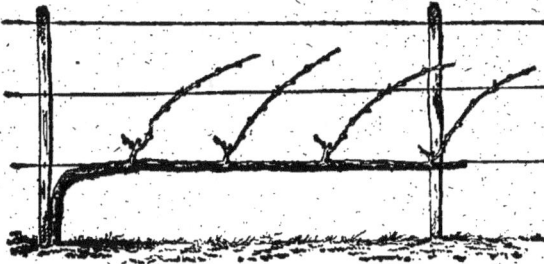

Fig. 52. — Cordons du Libournais.

support; les jeunes et celles taillées long sont soutenues sur échalas ou sur fil de fer; dans ce dernier
cas, on établit souvent un cordon (fig. 52).

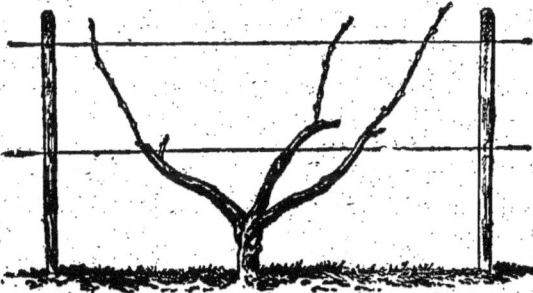

Fig. 53. — Vigne des Palus sur fils de fer.

Les vignes des *Palus* sont situées sur les alluvions
du bord de la Gironde, de la Dordogne et de la Ga-

ronne; le sol est très riche; les vignes sont plantées à 2 mètres en tous sens et palissées sur fils de
fer ou sur échalas longs de 2 mètres. La souche est
en éventail à trois bras verticaux portant plusieurs
coursons taillés à long bois, avec un côt de retour
(fig. 53).

Les environs de *Bergerac* fournissent des vins
blancs assez estimés ; la vigne est tenue en gobelets
assez élevés, à trois ou quatre bras taillés courts,
cependant l'un des bras porte souvent un long bois
ou *haste* palissé sur échalas.

CHAPITRE XI

Région de l'Ouest

Vignoble des Charentes. — C'est le plus important de la région; on y cultive surtout la *Folle
blanche;* les vignes sont plantées à 1^m75 sur 1^m30 et
taillées de différentes façons.

Dans la Charente-Inférieure, la vigne est maintenue très près de terre; elle porte de six à huit bras
taillés à trois yeux et donne une production abondante.

Aux environs de Cognac, la souche s'élève beaucoup plus, les bras portent cinq ou six yeux et l'on
a un rendement considérable.

La vigne est déchaussée après la vendange, et la
terre ramenée au milieu du rang; en mars on donne
le premier labour, un deuxième en juin, puis les

binages et sarclages nécessaires. Les ceps morts sont remplacés par des *versadis*.

La reconstitution de ce vignoble a été rendue assez difficile par la nature du sol très calcaire; aujourd'hui, les hybrides permettent cette reconstitution qui est poussée activement.

La *Vendée et la Vienne* participent de la culture

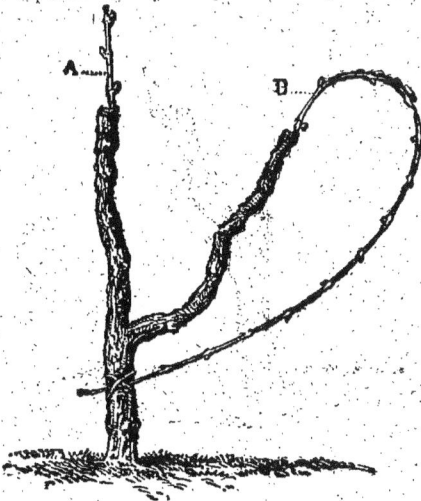

Fig. 54. — Vigne de Thouars.
a. poussier.— *b.* vinée.

des Charentes. Dans l'arrondissement de *Thouars*, la vigne présente deux bras, l'un taillé court, c'est le *poussier*, l'autre taillé long, c'est la *vinée*, fixée sur la souche ou sur un échalas, ou encore piquée en terre (fig. 54).

Groupe du nord. — Le Maine-et-Loire présente un vignoble assez important; les vins blancs sont réputés et on les rend souvent mousseux. Les ceps sont en gobelet à trois branches, quelquefois cinq ou six, suivant la vigueur; la taille se fait à deux yeux pour les vins fins, et l'on laisse un long bois, ou verge, pour les vignes à vins communs. Aux environs de Saumur, le provignage est assez employé.

Fig. 55. — Taille des vignes fines de Vouvray.

En *Indre-et-Loire*, le mode de culture varie beaucoup. L'écartement des lignes, qui est de 1 mètre à 1m20 à Chinon, atteint 2 mètres à Bourgueil. Pour les vins rouges ordinaires, les souches portent deux bras, l'un taillé à deux ou trois yeux, et sur l'autre on laisse un long bois *(verge* ou *vinée)* de huit à quinze nœuds; et l'on palisse sur un treillage

en bois ou, beaucoup maintenant, sur fils de fer.
Les vignes à vins rouges sont taillées court.

Les vignes fines de *Vouvray* sont taillées très
court et n'ont qu'un seul bras (fig. 55); elles ne sont
pas soutenues, et le provignage se fait régulièrement,
à raison environ de 1/20 à 1/30 par an.

Pour les vins blancs plus ordinaires, on établit un
gobelet à trois ou cinq bras, taillés à deux ou trois
yeux, et l'on soutient par des échalas; on ne provigne généralement pas, et l'on renouvelle la vigne
tous les vingt-cinq ou trente ans.

Les façons sont au nombre de trois : le déchaussement, après la taille, en mars ou avril; un piochage, en mai ou juin, et un binage en juillet; on
fume très peu.

Aujourd'hui, la fumure est plus régulière; beaucoup de vignes sont plantées en lignes espacées
de 1ᵐ50, et sont palissées sur fils de fer.

CHAPITRE XII

Région du Sud-Est

Cette région, qui renferme les départements mon-
tagneux de la Drôme, de l'Isère, des Hautes-Alpes,
Savoie et Haute-Savoie, Ain, Jura et Haute-Saône,
n'a pas un mode de culture général; la nature du
sol y est très variable, les climats très différents les
uns des autres, d'où il résulte la diversité des modes
de culture et de taille.

Le vignoble le plus important de la Drôme est celui de l'Ermitage, où l'on cultive la *Syrah*. La plantation se fait à o^m90 ou 1 mètre de distance, sur un défoncement; le cep présente deux coursons, l'un à fruit ou *portant*, taillé à quatre yeux, l'autre cour-

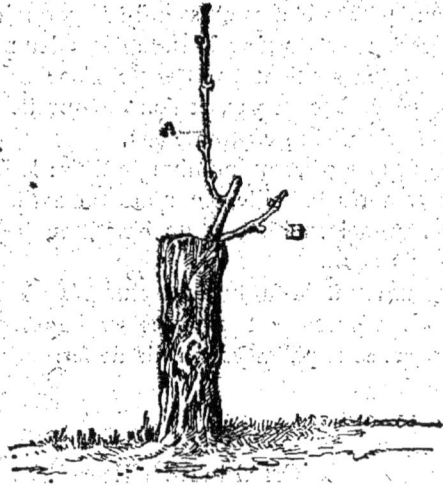

Fig. 56. — Taille de l'Ermitage.
a. portant. — *b.* courson de retour.

son de retour taillé à deux yeux, et l'on maintient aussi bas que possible. On donne trois façons culturales; on ébourgeonne régulièrement, et les pampres sont palissés sur échalas; il est bon, en août, de dégager les grappes qui touchent le sol.

Les souches qui manquent sont remplacées par le provignage dans les vieilles vignes, ou par des

greffes dans les vignes nouvelles. Les vins obtenus
sont de première qualité (fig. 56).

Dans l'*Isère*, quelques vignes bien exposées sont
maintenues basses, en gobelet à deux ou trois bras,
taillés à deux ou trois yeux, quelquefois on laisse un
long bois, et l'on palisse sur un échalas ; ce sont ces
vignes qui donnent les meilleurs vins.

Lorsque l'on craint les gelées, la vigne est
tenue plus haute en treilles plus ou moins éle-
vées ou sur des arbres ; les sarments à fruits sont
taillés longs, la production est abondante, mais les
vins sont médiocres.

Les vignes tenues très hautes sont en lignes espacées de six à dix mètres, et l'on établit des cultures
intercalaires, desquelles nous ne sommes pas parti-
sans.

La Savoie offre le même mode de culture ; ce sont
des vignes basses, en gobelets à deux ou trois bras
élevés à 0^m 40 ou 0^m 50 du sol, et taillés à deux
yeux qui donnent les meilleurs vins. Sur les souches
les plus vigoureuses on laisse un long bois que l'on
recourbe. Le palissage se fait sur échalas, et le provignage est une règle générale.

Dans les vallées fertiles, la vigne est maintenue à
1^m 50 à 2 mètres de hauteur sur des treillages ou
des arbres vivants ou morts ; ces derniers sont préférables. On taille toujours très long et la maturation est toujours imparfaite.

Le vignoble du *Jura* est assez important ; on
plante des boutures, le plus souvent à l'automne,
après défoncement ; la distance entre les ceps est
très variable, de 0^m 50 à Poligny, à 1 mètre vers

Long-le-Saunier. La taille est longue, on laisse deux sarments ou *courgées* taillés à huit ou dix yeux, arqués et attachés chacun sur un échalas. Ce n'est en somme qu'un espalier (fig. 57).

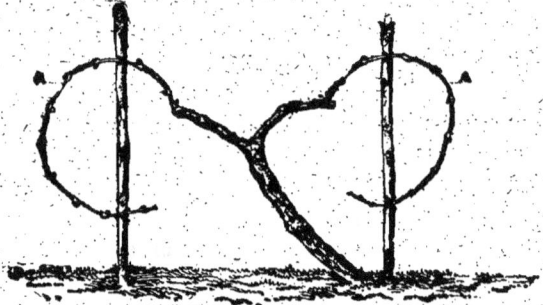

Fig. 57. — Taille du Jura.
a. a. courgée.

Il est donné deux ou trois façons culturales, un piochage en avril, et un binage en juillet, quelquefois un supplémentaire en août. On rajeunit les souches par le provignage. La seule opération d'été est *l'ébourgeonnage.*

CHAPITRE XIII

Région de la Haute-Bourgogne

Cette région a une importance considérable en raison de la valeur des produits. Le phylloxera a détruit la majeure partie du vignoble et le mode de culture a forcément changé depuis la reconstitution avec les cépages américains.

Les souches sont tenues basses, plantées en lignes, mais celles-ci sont détruites par le provignage dans les anciennes vignes. Les sarments sont soutenus par des échalas ou des fils de fer, sauf dans le Beaujolais.

Les façons culturales, faites toujours à la main dans les anciennes vignes, sont souvent exécutées à la charrue dans les nouvelles plantations. On donne en général quatre façons : un labour d'hiver pour butter les souches ; un labour d'aération au printemps et deux ou trois binages.

La fumure se fait avec du fumier de ferme, tous les trois ou quatre ans, et, dans les coteaux, on fait des terrages en hiver.

Les engrais complémentaires sont encore peu employés.

Les opérations d'été sont l'ébourgeonnement, appelé épamprage ou *évasivage* en Côte-d'Or et le rognage ; le pincement n'est pas régulier et l'effeuillage est très rare.

Le mode de taille varie beaucoup :

Dans *le Beaujolais*, la taille se rapproche de celle du Midi, on a des gobelets ordinairement à trois bras, taillés à deux ou trois yeux ; les pampres de deux souches sont réunis par un lien et se soutiennent mutuellement ; cependant, on met des échalas jusqu'à huit à dix ans. Les anciennes vignes françaises n'étaient pas provignées, on les remplaçait tous les vingt-cinq ou trente ans, aujourd'hui, la majeure partie du vignoble est reconstituée en lignes espacées de 1ᵐ à 1ᵐ 20, pour permettre le travail à la charrue.

Le *Mâconnais* renferme un vignoble important, qui donne des vins légers très appréciés ; les anciennes vignes étaient en lignes espacées de 0ᵐ 80

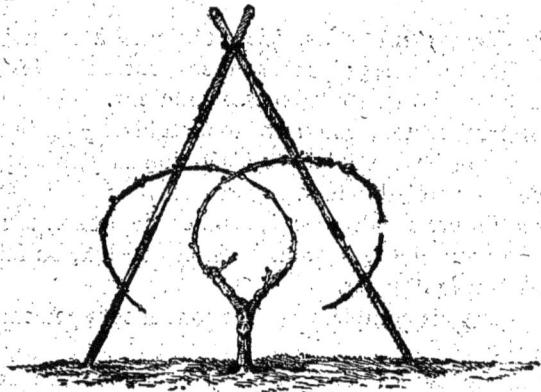

Fig. 58. — Taille du Chardonnay à Pouilly.

et les ceps à 0ᵐ 52 sur la ligne. Les vignes reconstituées sont souvent plantées à plus grand écartement pour permettre le travail à la charrue.

Les cépages rouges sont conduits en gobelets bas à deux ou trois bras, taillés à deux yeux, en laissant quelquefois un long bois sur les souches très vigoureuses.

Quant aux vignes blanches, elles sont plantées à 1 mètre en tous sens ; elles présentent deux bras, portant chacun un long bois et un courson de retour.

On palisse sur échalas en croisant les longs bois qui sont recourbés (fig. 58.)

Au bord de la Saône, on palisse plutôt sur fil de fer, et on laisse deux ou trois bras à chaque pied; souvent on établit des cultures intercalaires, et on installe les lignes de vignes à huit ou dix mètres les unes des autres.

Dans tout le Mâconnais, le provignage est exceptionnel.

Dans la *Côte Chalonnaise*, les ceps de gamays sont à deux bras, portant deux coursonnes taillées à deux ou trois yeux.

Les pinots présentent aussi deux bras, mais l'un d'eux porte un long bois appelé *archelet* ou *archelot*, et l'autre est taillé à deux ou trois yeux, l'archelet est toujours sur le même bras ; il serait préférable d'alterner pour éviter un allongement démesuré.

On palisse sur échalas, le rognage est peu usité et l'ébourgeonnage qui ne se faisait jamais dans les anciennes vignes, est très souvent effectué dans les vignes reconstituées.

La *Côte-d'Or* a dû changer son système de culture. Les anciennes vignes y sont rares maintenant, et elles n'existent plus guère qu'à Gevrey-Chambertin où le sol, de moyenne consistance, permet efficacement la défense avec le sulfure de carbone.

Dans les vieilles vignes françaises, le provignage était de règle courante. Le terrain était défoncé en fossés distants de 1ᵐ 60 d'axe en axe et larges de o" 25; on y plantait à o" 5o les unes des autres des *boutures* (chapons) ou des plants racinés obtenus en pépinières ou provenant de provins de l'année précédente *(chevolées).* La taille se fait au printemps à trois à quatre yeux pour les pinots et deux ou trois yeux pour les gamays; il n'existe qu'un seul bras et l'on taille toujours sur la branche la plus élevée, il en résulte un allongement rapide;

Fig. 59.　　　　Fig. 60.　　　　Fig. 61.
Taille d'un sarment　Souche en pleine　Souche bonne à être
de provin.　　　　vigueur.　　　　provignée.

aussi, tous les ans, on *couche* une partie des ceps. En hiver, il est creusé à côté de la souche à coucher un fossé de o" 4o à o" 5o de profondeur et o m. 35 de largeur; on y couche la souche entière et l'on fait sortir à des places convenables trois ou quatre sarments qu'on rabat à deux ou trois yeux. On fume entre deux terres et l'on fait ainsi tous les ans de 5 à 6oo provins ayant chacun trois ou quatre saillies (fig. 59 à 61).

Autrefois, les vieilles vignes ne recevaient du fumier que dans les provins, et la fumure consistait seulement en terrages.; aujourd'hui qu'il faut traiter au sulfure de carbone, la fumure au fumier est indispensable.

Les vignes reconstituées avec les cépages américains ne peuvent plus être provignées; elles sont plus vigoureuses et on les conduit en gobelet à deux ou trois bras, ou en cordons, suivant que l'on palisse sur échalas ou sur fils de fer.

Pour les vignes en gamays, un long bois ou pissevin est laissé qui augmente la production. Ce long bois n'est pas laissé uniformément, il n'est conservé que sur les ceps les plus vigoureux. Dans les pinots, il n'y a que trop tendance à allonger la taille pour avoir une production plus abondante, mais c'est toujours au détriment de la qualité, et il ne faut pas exagérer.

Nous devons tenir compte de la période de tâtonnement dans laquelle nous nous trouvons, certains porte-greffes très vigoureux ne donneraient absolument aucun fruit si l'on pratiquait une taille trop courte.

Nous ne pouvons donc pas fixer de règle; il faut étudier et suivre la végétation; mais ce qu'il y a de certain et d'heureux pour cette région, c'est que les vins des vignes greffées ont les mêmes qualités de finesse que ceux des anciennes vignes.

La plantation se fait en lignes espacées de 1 m. à 1" 10; ou en quinconces à un mètre de distance; on plante des greffes-boutures enracinées en pépinières. Le terrain a toujours été défoncé, et souvent

bien fumé. Dans les terres riches, on ne fume pas
en défonçant, mais dans chaque trou de greffe, on
met du fumier entre deux terres.

Un labour est donné au printemps, puis deux ou
trois binages dans le courant de l'année. Après la
vendange, buttage des ceps pour les préserver des
froids de l'hiver ; ce buttage est indispensable dans
les jeunes plantations.

Les grands vins rouges s'obtiennent surtout dans
la *côte de Beaune* et dans *celle de Nuits*, qui s'étend
jusqu'au-delà de Gévrey, et dans laquelle rentrent
les *Chambertins*.

Les grands vins blancs s'obtiennent à Montrachet
et sur le territoire de Meursault.

CHAPITRE XIV

Région de la Basse-Bourgogne

Le vignoble de cette région est généralement constitué sans défoncement. Plantation en lignes espacées de o^{m}75 à o^{m}90, rarement un mètre. Dans
les fosses sont disposés des boutures à talon, ou des
plants enracinés. La vigne est conduite en gobelets
plus ou moins élevés, portant trois ou quatre bras
taillés à deux yeux ; les fumures sont trop négligées
et se bornent souvent à des terrages.

Dans l'Auxerrois, les ceps sont francs de pied et

le marcottage n'est en usage que pour remplacer les manquants.

Dans le *Tonnerrois*, à *Coulanges-la-Vineuse* et à *Irancy*, la disposition des souches change ; il y a, à chaque pied, trois ou quatre bras qui rampent sur le sol ; chaque bras est rattaché à un échalas ; la taille se fait toujours à deux ou trois yeux (fig. 62).

Fig. 62. — Taille du Tonnerrois.

Maintenus ainsi près de terre, la maturation se fait mieux. Le provignage est la règle générale, et, au bout de quelques années, les lignes sont disparues, la plantation est en foule.

A *Chablis*, qui produit les vins blancs si estimés, les lignes sont espacées de 1ᵐ33, et les ceps sont à 0ᵐ75 sur la ligne. La vigne est conduite comme dans le Tonnerrois, et présente de trois à six bras rampant sur le sol et fixés à leur extrémité sur un échalas.

Le provignage n'est employé que pour remplacer

les manquants, mais il n'est pas une pratique courante.

Dans tout le vignoble de l'Yonne, le buttage, ou ruellage, est donné en novembre; un labour, ou déruellage, en mars, en formant un billon au milieu des lignes; un binage en mai diminue l'épaisseur du billon, et, à la fin d'août, un dernier binage remet le terrain à plat. L'ébourgeonnage est de règle générale.

Le *vignoble de l'Aube* est moins important. Aux environs de Troyes, le pinot est cultivé, et surtout le *Troyen*, le *gamay* et le *gouai*. La vigne est tenue en petite treille. Sur les échalas est placée horizontalement, à o^m5o ou o^m6o, une traverse en bois; les souches présentent trois ou quatre bras taillés à deux, trois ou quatre yeux, et reliés par un lien à la traverse; les gamays donnent ainsi une production abondante.

Les vignes reconstituées par cépages américains sont plantées en lignes régulières, écartées de o^m9o à 1^m10; quelques producteurs directs existent et plus particulièrement des *Othello*, appelés à disparaître.

Aux *Riceys*, centre assez important, c'est à peu près le mode de culture du Tonnerrois; les lignes sont espacées de o^m8o, et souvent, les bras au lieu de ramper sur le sol, sont enfouis la quatrième ou cinquième année pour ne laisser sortir que les extrémités. La taille se fait ordinairement à deux yeux, et on ne laisse un crochet ou long bois qu'exceptionnellement dans les vignes vigoureuses.

Tous les ans, un certain nombre de ceps sont provignés.

CHAPITRE XV

Région du centre

Ce vignoble ne présente pas de caractère bien déterminé; il participe tantôt de la culture du Midi, tantôt de celle de la Bourgogne; il comprend un assez grand nombre de départements, et nous ne signalerons que les particularités intéressantes; les cépages appartiennent aussi à toutes les régions viticoles.

Dans la *Nièvre*, le vignoble le plus important est celui de *Pouilly*, qui fournit des vins blancs assez renommés.

La plantation se fait sans défoncement, en fossé, avec des boutures simples placées à un mètre en tous sens. La souche est établie en gobelet très bas, formé de cinq à sept bras partant du sol et armés chacun de deux coursons, le terminal taillé à trois ou quatre yeux, et le bourgeon latéral à deux yeux seulement; c'est lui qui sert de remplacement, lorsque le premier est devenu trop long. Chaque bras est muni d'un échalas. On pratique avec soin l'ébourgeonnage et le rognage, mais le provignage ne se fait jamais.

Le reste du département présente des vignes en billons sur deux rangs ou à plat; deux ou trois branches à fruits sont laissées avec deux coursons de

retour; chaque bras, recourbé vers le sol, est fixé
sur un échalas (fig. 63). Quelquefois on utilise le
gobelet, en laissant toujours deux ou trois branches
à fruits.

Dans le *Loir-et-Cher*, et aussi dans l'*Indre-et-
Loire*, la vigne est beaucoup cultivée en *chaintres*.
Le chaintre n'est autre chose qu'une sorte de treille
rampant sur le sol. La plantation se fait dans des

Fig. 63. — Vigne de la Nièvre.

fossés à o^{m}5o de profondeur, les boutures sont mises
à 2 mètres sur les lignes qui sont espacées de 6 mètres.

Les deux premières années, la taille se fait sur
deux yeux hors terre et l'on palisse les sarments; la
troisième ou quatrième année, on choisit le sarment
le plus rapproché du sol, il est taillé à un mètre environ, et l'on supprime les aures sarments et leur
vieux bois.

Au sarment conservé il n'est laissé, pour former
la charpente, que les trois yeux de l'extrémité, qui

donneront trois sarments. L'année suivante, le sarment le plus faible est supprimé, un autre formera le prolongement et le troisième formera un bras latéral qui sera rabattu l'année suivante sur le sarment le plus près de la tige. Sur cette dernière, on supprime tous les sarments, sauf celui de prolongement et le plus inférieur.

La septième année, les branches latérales sont rabattues sur leur sarment le plus rapproché de la base, et l'on ne garde à la tige que le sarment de prolongement et celui qui est inférieur.

Il est procédé ainsi tous les ans jusqu'à complète formation.

Les sarments destinés à la fructification ne sont presque pas taillés; on enlève seulement les trois ou quatre derniers bourgeons.

Pour que les raisins ne se salissent pas, il faut maintenir le chaintre à o"25 du sol, au moyen de petites fourches.

Les vignes en chaintres sont très productives, à condition d'être dans des terrains riches, profonds et légers, et de cultiver un cépage qui se prête à cette disposition, comme le côt ou le pinot.

Des essais effectués en 1885, sous la direction de M. de Villepin, à la ferme-école de la Pilletière (Sarthe), n'ont donné aucun résultat, et il a fallu renoncer à cette culture dans un sol compact et de richesse médiocre.

Dans le Midi, où la vigueur est suffisante, le chaintre ne peut réussir, à cause du grillage des raisins. Mais lorsqu'on ne craint pas l'échaudage, que la température est cependant assez élevée pour mûrir les raisins, et que le sol est riche, ce mode de culture est assez rémunérateur et peut être essayé.

A part le chaintre, la culture du Loir-et-Cher se rapproche beaucoup de celle de l'Orléanais; les souches sont en gobelets à deux ou trois bras, dont l'un présente un long bois recourbé, et les autres sont taillés à trois ou quatre yeux pour le *gris-meunier*; les *teinturiers* sont taillés plus courts.

Fig. 64. — Taille courte   Fig. 65. — Taille de Vierzon.
de Santerre.

Le *vignoble du Cher* est assez important. Aux environs de *Sancerre*, les souches sont très rapprochées, il y a jusqu'à 40,000 pieds à l'hectare; les souches n'ont qu'un seul bras avec trois coursons, les deux inférieurs sont à deux yeux, et le supérieur, appelé *majeur*, présente de quatre à six yeux. On palisse sur échalas à partir de la quatrième année (fig. 64). La vigne est rajeunie par le provignage.

A *Vierzon*, les ceps sont écartés de 0°70 et ne présentent qu'un bras portant deux coursons, l'inférieur taillé à deux yeux, l'autre à quatre ou cinq;

c'est la taille en *pistolet*. Pour certaines vignes blanches, le courson supérieur présente une verge de un mètre, souvent repliée en cor de chasse et fixée sur l'échalas (Taille *en fusil*).

La plantation se fait avec des racinés dans des fossés espacés de 1^m40, et au bout de quatre ans on provigne au milieu des lignes ; les frais de plantation sont ainsi diminués, mais on ne continue pas le provignage plus tard (fig. 65).

A *Bourges*, la vigne est tenue en gobelet à trois ou quatre bras, taillés à deux ou trois yeux jusqu'à six ans, et ensuite on laisse sur un des bras une verge de 1 mètre à 1^m20 de longueur et enroulée sur l'échalas. On rajeunit par le provignage.

Dans l'*Allier*, la culture se fait en billon ; les ceps sont à 0^m50 sur les lignes espacées de 1^m30. Aux environs de Moulins, on a de petits gobelets à deux ou trois bras très près de terre et taillés à un ou deux yeux. A Chantelle et à Saint-Pourçain, la vigne est taillée longue, les sarments sont palissés sur une sorte de treillage ou recourbés, et leur extrémité piquée en terre.

Le *Loiret* renferme plusieurs régions viticoles. Aux environs de Gien, les ceps sont à 0^m60 sur 0^m40 ou 0^m50, les souches sont à trois bras, en éventail, taillés à deux ou trois yeux et palissés sur échalas. Pour les pieds vigoureux, il est laissé un *long* bois ou *collet*.

A *Montargis* et à *Pithiviers*, la vigne est taillée en tête de saule, c'est-à-dire très court, il n'y a pas d'échalas et l'on soutient tous les sarments d'un cep par un lien en paille, (fig. 66).

Dans l'*Orléanais*, les ceps sont en quinconces à 0™80 ; la taille est encore en tête de saule, mais on laisse des longs bois ; un des sarments est taillé à un œil, un autre à deux yeux, c'est la *pousse*, un troisième à cinq ou six yeux, c'est la *demi-viette*, et un autre qui a 0™70 ou 0™80 de longueur, constitue la *viette*, qui est palissée sur un grand échalas et fixée à l'extrémité sur un plus petit. On laisse quelquefois plusieurs viettes, (fig. 67).

Cette disposition en tête de saule n'est pas très

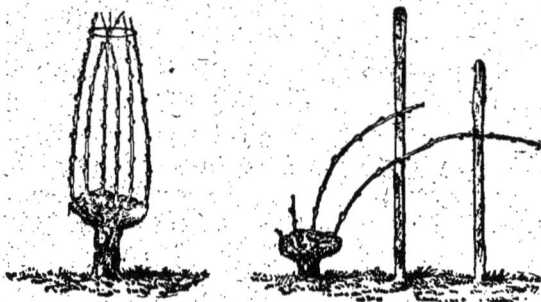

Fig. 66. — Vigne de Pithiviers.   Fig. 67. — Taille de l'Orléanais.

bonne, et il est préférable d'employer simplement le gobelet qui, d'ailleurs, réussit très bien.

A *Châteauroux*, les souches sont en gobelet très bas, présentant trois ou quatre bras écartés, taillés très courts sauf un seul qui porte un long bois, dont on fiche souvent l'extrémité en terre.

A *La Châtre*, du pied partent trois ou quatre bras portant chacun deux coursons taillés courts. Le rajeunissement se fait par le provignage, et chaque bras est palissé sur un échalas. Il serait plus économique d'employer les fils de fer ce qui se fait beaucoup d'ailleurs dans les vignes nouvelles.

CHAPITRE XVI

Région de la Champagne

La Champagne a une importance considérable en raison de la haute valeur des produits obtenus. Le phylloxera y commence seulement ses attaques, et l'on pourra, pendant quelque temps, conserver le mode de culture actuel ; c'est pourquoi nous le décrirons avec assez de détails. Tous les efforts tendent à avoir une maturation aussi complète que possible, et beaucoup de finesse.

Le cépage cultivé est le pineau noir, appelé franc pinot, *plant doré ou plant vert doré*, le *beurot* s'y trouve associé au *meunier* dans les terres fortes. Comme cépage blanc, c'est le *chardenet*, appelé encore *plant doré blanc ou pinot blanc*.

Le terrain est défoncé à o"5o ; les fossés ouverts ensuite sont espacés de o"9o et reçoivent des boutures enracinées placées à o"5o sur la ligne.

Cette plantation se fait de novembre à mars et l'on fume en plantant.

A partir de la quatrième année, souvent de la troisième, on commence la multiplication des plants par l'*assiselage*. C'est un provignage qui consiste à former un cep, deux et quelquefois trois autres sur la même racine, il faut qu'il y ait sur le pied deux ou trois sarments vigoureux susceptibles de s'écarter d'au moins o^{m}35 à o^{m}40 ce qui est la distance normale qui doit exister entre les ceps. Une fosse est pratiquée allant à la profondeur de la racine mère,

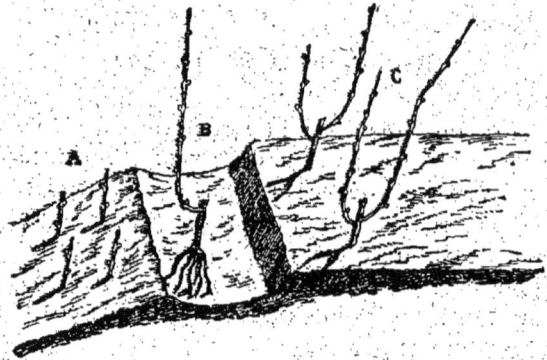

Fig. 63. — Couchage de la vigne en Champagne.
a. partie couchée. — *b*. partie déchaussée prête à être couchée. *c*. partie non encore touchée.

le cep y est couché en écartant les bras avec précaution pour les mettre à la distance voulue, puis on couvre de terre meuble, on ajoute l'engrais nécessaire, et la terre est nivelée ; chaque bras est taillé à trois yeux hors du sol. Cette opération se fait d'octobre à janvier et le terrain complètement garni, contient de 40 à 60.000 souches à l'hectare.

Chaque souche est munie d'un échalas qui est retiré après la vendange ; on en fait des tas ou *moyé-res*, et on les replante au printemps après la taille. Ces échalas constituent une très grosse dépense.

Piochage et assiselage. — En février ou mars, tous les sarments inutiles sont coupés, un bêchage se fait à 0ᵐ15 ou 0ᵐ20 de profondeur en dégageant les racines au-dessous du bois de deux ans ; puis ce bois est couché dans la jauge de façon qu'il ne sorte que le bois de l'année qui est taillé à trois ou quatre yeux. Chaque jet est muni d'un échalas. Si les souches sont vigoureuses, on laisse deux bras ou *broches* en haut et à l'avant du cep, (fig. 68).

On conçoit que dans ces conditions tout alignement soit supprimé, et les cultures ne peuvent se faire qu'à la main.

Il existe une véritable treille souterraine très accessible à l'échauffement des rayons solaires ; de plus les raisins sont toujours tenus très près de terre et reçoivent une grande quantité de chaleur, toutes conditions favorables à la production de raisins fins et sucrés.

En juin, en juillet et à la fin d'août, des binages sont donnés et ensuite l'accolage en juin et le rognage en général deux fois, d'abord à la floraison, puis en juillet. L'effeuillage n'est presque jamais pratiqué. La fumure se fait tous les quatre ou cinq ans avec du fumier ou plutôt avec des composts ou des terrages ; la fumure est toujours faible.

CHAPITRE XVII

Région du Nord-Est

L'importance viticole de cette région est assez faible; la culture de la vigne n'est que secondaire, sauf quelques exceptions. En raison du climat assez rude, la vigne ne peut occuper que les collines bien exposées, et la culture se fait toujours à la main. Les façons culturales se bornent le plus souvent à un labour au printemps et deux binages pendant le cours de l'année.

La plantation se fait en fossés et l'on arrive par les provignages à avoir de 30 à 40.000 souches à l'hectare.

Les souches sont à un bras, portant deux coursons ou à deux bras, avec chacun un courson, et l'on maintient très près de terre pour favoriser la maturation.

La taille se fait ordinairement à deux ou trois yeux; cependant, et surtout pour les cépages fins, une branche à fruit reste, elle est recourbée et fixée sur l'échalas.

Aux environs de Bar-le-Duc, le *pinot doux* est taillé à long bois, recourbé, tandis que le *vert plant* est tenu en gobelet bas, a trois ou quatre bras portant chacun un courson taillé à deux ou trois yeux.

Dans l'*Aisne*, les souches n'ont qu'un seul bras

qui porte deux coursons, l'un taillé à deux yeux, l'autre beaucoup plus long et recourbé pour être attaché à l'échalas, c'est la *ploie*; ou bien son extrémité est fixée en terre, on l'appelle alors la *picaude*. Si le cep est peu vigoureux, les deux coursons sont taillés à deux yeux, (fig. 69).

Dans toute cette région, on pratique le provignage très régulièrement.

CHAPITRE XVIII

Région du Nord-Ouest

C'est la région la moins favorisée ; elle est située tout au nord de la culture de la vigne ; la maturation se fait souvent très mal, les gelées sont très à craindre et les récoltes très aléatoires ; les vins obtenus sont de médiocre qualité ; ils sont en général trop verts, néanmoins très estimés dans les pays de production, et le *vin de pays* atteint des prix assez élevés.

Quoi qu'il en soit, l'incertitude des récoltes, la crainte du phylloxera et aussi la facilité des moyens de transport font que les étendues en vigne diminuent de plus en plus. Les vignes sont souvent mal soignées, et nous avons pu constater aux environs de Chartres de nombreuses vignes affaiblies par les attaques répétées de mildiou et d'oïdium.

En général, les vignes sont plantées en lignes, les ceps sont à 0^m60 ou 0^m70 sur 0^m50; le provignage en diminue l'écartement et il n'est pas rare de compter jusqu'à 50.000 ceps à l'hectare.

À *Argenteuil*, on plante les boutures dans des fossés espacés de 1ᵐ 50 et ces boutures sont à 1 m. 20 l'une de l'autre; on recouvre d'un peu de terre et on remplit la fosse de fumier. Dès la quatrième année, on provigne en tous sens pour arriver à avoir 40 à 50.000 ceps à six ou sept ans. Deux à trois coursons sont laissés par cep et la taille s'opère à deux yeux. Quelquefois, surtout pour le Meunier, il

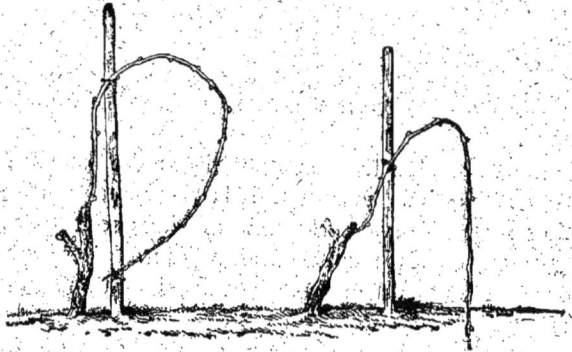

Fig. 63. — Taille du Soissonnais.

y a une branche à fruit dont l'extrémité est plantée en terre. Le rajeunissement se fait par le provignage.

En Eure-et-Loir, les principaux vignobles se trouvent dans la vallée d'Eure et dans celle du Loir; les ceps sont très rapprochés et présentent deux petits bras taillés à deux yeux, les ceps les plus vigoureux portent quelquefois une branche à fruit appelée *Couverte* dont on fixe l'extrémité en terre.

Aux environs de Chartres, la vigne est souvent
disposée en série de plans inclinés de 20 à 30 mètres, et tous les ans on change le profil en faisant
tomber de la terre dans la vallée. C'est un procédé
de provignage dont nous n'avons jamais reconnu la
valeur et qui a l'inconvénient d'être coûteux (fig. 70).

Nous sommes convaincus que l'on obtiendrait de
bien meilleurs résultats par une culture plus ration-
nelle et en choisissant des cépages hâtifs. Voici, à

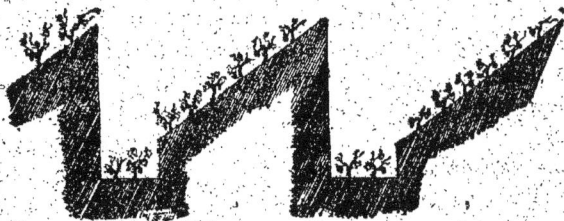

Fig. 70. — Culture en butte de l'Eure-et-Loir.

notre avis, un mode de culture qui donne de bons
résultats; nous en avons d'ailleurs fait l'expérience
aux environs de Chartres.

La plantation se fait sur un défoncement avec des
plants enracinés mis en lignes espacées de 0m 90 et
1 mètre, et placés à 0m 50 ou 0m 60 sur la ligne.
Les souches sont formées avec deux bras et chaque
coursonne est taillée à deux yeux; on obtient aussi
de bons résultats dans les terrains faciles en appli-
quant la taille Guyot.

Les échalas sont remplacés avec avantage par des
fils de fer soutenus tous les six mètres par des piquets

en fer à T ou simplement en bois. La vigne ne prenant jamais un très grand développement, deux fils de fer suffisent, l'un à o^m 3o ou o^m 4o du sol et le deuxième à o^m 3o au-dessus du premier, la hauteur des souches devant être d'autant plus grande que les geléees printanières sont plus à craindre.

Le provignage n'a lieu que pour les souches dépérissantes.

En ayant soin de donner de bonnes fumures et en pratiquant convenablement le labour d'aération et deux ou trois binages, en combattant les maladies cryptogamiques, la vigne, dans la région du nord-ouest, peut donner encore d'excellents résultats.

Si l'on reconstitue avec des cépages américains, la plantation sera exécutée aux mêmes distances que nous avons indiquées plus haut, l'expérience nous a démontré qu'il est absolument inutile de laisser plus de o^m 6o sur la ligne; la végétation n'étant jamais très exubérante.

En ce qui concerne la culture de la vigne aux environs de Paris, les expériences qui ont été entreprises par notre savant professeur de l'école de Grignon, M. Mouillefert, démontrent qu'avec des cépages appropriés et une culture raisonnée, on peut encore obtenir sous cette latitude des produits rémunérateurs.

TABLE DES MATIÈRES

184

TABLE DES MATIÈRES

BIBLIOGRAPHIE

C. BALTET : *L'Art de greffer ;* MASSON, éditeur, Paris.

A. CARRÉ : *Taille de la Vigne sur cordon unilatéral ;* COULET, éditeur, Montpellier.

E. DURAND et J. GUICHERD : *Culture de la Vigne en Côte-d'Or ;* Beaune, 1896 ; ouvrage édité par la Société vigneronne de Beaune.

G. FOEX : *Cours complet de Viticulture ;* COULET, éditeur, Montpellier.

PROSPER GERVAIS : *Adaptation et reconstitution en terrains calcaires ;* COULET, éditeur, Montpellier, et MASSON, éditeur, Paris.

D' GUYOT : *Etude des Vignobles de France ;* MASSON, éditeur, Paris.

LADREY : *Traité de Viticulture et d'Œnologie ;* SAVY, éditeur, Paris.

VALÉRY MAYET : *Les Insectes de la vigne et moyens de les combattre ;* COULET, éditeur, Montpellier.

P. MOUILLEFERT : *Le Phylloxera. — Moyens proposés pour le combattre ;* MASSON, éditeur, Paris.

P. MOUILLEFERT : *Le Vignoble et les Vins de France et de l'étranger ;* Librairie agricole de la Maison rustique, Paris, 26, rue Jacob.

A. MUNTZ : *Les Vignes. — Recherches sur leur culture et leur exploitation ;* MASSON, éditeur, Paris, et BERGER-LEVRAULT, éditeur, Nancy.

J. PERRAUD : *La Taille de la vigne ;* C. COULET, éditeur, Montpellier.

PORTES et RUYSSEN : *Traité de la Vigne et de ses
produits ;* Maison rustique, 26, rue Jacob, Paris,
et O. DOIN, Paris.

V. PULLIAT : *Mille variétés de vigne ;* COULET, éditeur, Montpellier.

V. PULLIAT : *Les Raisins précoces ;* MASSON, éditeur,
Paris, et COULET, Montpellier.

ROSAVENDA : *Essai d'une ampélographie universelle,*
traduite de l'Italien par le D' Cazalis et G. Foex ;
COULET, éditeur, Montpellier.

L. ROUGIER : *Reconstitution des vignobles ;* COULET,
Montpellier.

L. ROUGIER : *Instructions pratiques sur la reconstitution des vignobles ;* COULET, Montpellier.

P. VIALA : *Les Maladies de la Vigne ;* COULET,
Montpellier.

Revue de Viticulture, journal hebdomadaire, 5, rue
Gay-Lussac, Paris.

Progrès agricole et viticole, journal hebdomadaire,
Montpellier.

Revue viticole de Franche-Comté ; à Poligny (Jura).

Vigne américaine ; Mme PULLIAT, à Chiroubles
(Rhône).

*Bulletin de la Société des Viticulteurs de France
et d'Ampélographie ;* 4, rue Cambon, Paris.

Imprimerie du « PETIT TROYEN » G. ARBOUIN, 126, rue Thiers — Troyes

15e et 16e Années. 1898

PARAIT TOUS LES DIMANCHES

LE
PROGRÈS AGRICOLE
ET VITICOLE
REVUE D'AGRICULTURE ET DE VITICULTURE

Dirigé par **L. DEGRULLY**, professeur à l'Ecole nationale d'agriculture de Montpellier, propriétaire-viticulteur, avec le concours de MM. les Professeurs de l'Ecole d'Agriculture de Montpellier, de Présidents de Sociétés agricoles, de Professeurs départementaux d'agriculture et d'un grand nombre d'agriculteurs et de viticulteurs.

Le **Progrès agricole** paraît tous les dimanches en un fascicule cousu et rogné de 28 à 32 pages in-8° raisin et forme, par an, 2 volumes de plus de 700 pages chacun.

Le **Progrès agricole** répond *gratuitement* à toutes les demandes de renseignements de ses lecteurs.

Le **Progrès agricole** donne en prime chaque année, à ses lecteurs, des gravures coloriées et des planches en phototypie sur des sujets d'actualité.

PRIX DE L'ABONNEMENT

France : Un an, 12 fr. — Recouvré à domicile, 12 fr. 50
Pays de l'Union postale : Un an, 15 fr.

On n'accepte pas d'abonnements pour moins d'un an. Les abonnements partent du 1er janvier et du 1er juillet de chaque année

BUREAUX à { **MONTPELLIER** (Hérault).
{ **VILLEFRANCHE** (Rhône).

ÉCOLE D'AGRICULTURE

DE SAONE-ET-LOIRE

à FONTAINES (Saône-et-Loire)

Cette école a été fondée par arrêté ministériel du 29 Juillet 1892, grâce au concours de l'Etat, du département et de la commune de Fontaines.

Placée au centre d'une région agricole et viticole, elle est dans d'excellentes conditions pour l'instruction théorique et pratique des élèves.

Destinée spécialement à former des chefs de culture et à donner *une bonne instruction professionnelle* aux fils de cultivateurs, elle s'adresse aussi à tous les jeunes gens se vouant à la carrière agricole.

La durée des études est de DEUX ANS.

Les élèves pourvus du diplôme de sortie jouissent de droit d'un certain nombre de points pour les examens d'admission aux Ecoles Nationales d'Agriculture dont l'entrée leur est ainsi plus facile.

LES EXAMENS D'ADMISSION ont lieu chaque année, à la préfecture, à Mâcon, le *3 Août*.

Le prix de la pension est de **500 francs**, payable en trois fois.

Pour être admis, il faut être âgé de *14 ans*

au moins et de *18 ans* au plus, et être pourvu d'une bonne instruction primaire.

A l'Ecole, le temps des élèves est partagé de telle sorte que **la moitié de la journée est consacrée à la théorie et l'autre moitié aux travaux pratiques,** conformément à l'emploi du temps arrêté par M. LE MINISTRE DE L'AGRICULTURE.

MATIÈRES ENSEIGNÉES :

Agriculture et Viticulture. — Machinerie agricole.
Botanique, Géologie, Zoologie.
Maladies des Plantes. — Insectes
Horticulture et Arboriculture. — Physique et Chimie agricole. — Zootechnie et Hygiène vétérinaire
Français et Mathématiques
Arpentage, Nivellement, Comptabilité.

Au Directeur, sont adjoints 5 professeurs ou surveillants et 3 chefs de culture.

FONTAINES est pourvu *d'une gare* sur le P.-L.-M., à six kilomètres de *Chagny* et dix de *Chalon-sur-Saône,* localités très importantes avec bifurcations sur *Autun, Moulins, Nevers, Charolles, Roanne, Lons-le-Saulnier,* etc.

Fontaines est pourvu d'un *bureau postal* et d'un *bureau télégraphique.*

Pour recevoir *le programme des Cours et des conditions d'admission,* ou tout autre renseignement utile, s'adresser à M. RAYNAUD, Directeur de l'Ecole, à FONTAINES (Saône-et-Loire).

COLLECTION A.-L. GUYOT
(Catalogue — Séries H, I)

Série H. — Agriculture

PETITE BIBLIOTHÈQUE AGRICOLE

Publiée sous la direction de J. RAYNAUD, directeur de l'École d'Agriculture de Fontaines (Saône-et-Loire)

Tome I   Le Sol et les Engrais............ 1 vol.
Tome II   Matériel et Travaux de culture... 1 vol.
Tome III Les Cultures et leurs Ennemis.... 1 vol.
Tome IV   Viticulture pratique............ 1 vol.

Pour paraître prochainement :

Le Bétail et ses ennemis. — Les Industries de la ferme. — Eléments d'économie rurale. — Horticulture et Arboriculture.

Chaque volume broché, 0.20 — Cartonné, 0.35

Série I. — Législation

LES CODES COMPLETS

Code civil........................ 2 vol.
Code de procédure civile.......... 1 vol.
Code de commerce.................. 1 vol.
Code d'instruction criminelle..... 1 vol.
Code pénal........................ 1 vol.
Code forestier. — Table analytique....... 1 vol.
Table (fin). — Lois contitutionnelles, organiques et électorales................ 1 vol.

Les Codes complets, broché, 2 fr.; relié, 2 fr. 50.
—   —   franco-poste, 0.65 en plus.

EN COURS DE PUBLICATION :

Lois usuelles (complémentaires des Codes) groupées dans l'ordre alphabétique

---

Dans toutes les Librairies, Kiosques, Gares : 20 cent. le volume.

On reçoit franco par la poste un volume spécimen et le catalogue contre 30 centimes en timbres-poste adressés à M. A.-L. GUYOT, éditeur, 12, rue Paul-Lelong, Paris.

COLLECTION A.-L. GUYOT

(Catalogue — Série L)

Manuels utiles

Dans toutes les Librairies, Kiosques, Gares :
20 centimes le volume.

On reçoit franco par la poste un volume spécimen et le catalogue contre 30 centimes en timbres-poste adressés à M. A.-L. GUYOT, éditeur, 12, rue Paul Lelong, Paris.

www.ingramcontent.com/pod-product-compliance
Lightning Source LLC
Chambersburg PA
CBHW031327210326
41519CB00048B/3435